細胞はどう身体をつくったか

発生と認識の階層進化

実重重実

新曜社

はじめに

自然界の驚異と神秘に満ちた発生の話を始めよう。それは、生物の遥かなる進化とも密接に結びついた長い旅の物語だ。

遠く果てしない昔、空は高く、どこまでも透明に澄み渡っていた。

そして驟雨。突然の嵐。稲妻。灰色の空から襲いかかる雹。強烈な風が吹き荒れて、木々の枝や葉は四方八方に乱され、揺れる。しかしそんな嵐の中でも、木々はしなやかに枝を右へ左へと振りながら、折れないように風の力を受け流す。

生物たちは、こうした嵐の中を裸のままでやり過ごして生き延びなければならなかった。雷鳴は続くが、やがて西の空がほんのりと白く光ってくる。光線が戻ってくる。風が弱まり雨粒も小さくなり、やがて嵐は過ぎ去って行っただろう。

自然は、暖かでうららかな優しいときばかりではない。ときとして驟雨が襲い、暴風が荒れ狂う。緑の木々も鳥も昆虫も、この騒乱の中を耐えていかなければならない。そして乾燥した暑い夏、凍てつく厳寒の冬がやってくる。こうした厳しい条件の中でも、生命は生命をつないでいき、そして再び発生していかなければならない。

その発生という事象は、細胞と細胞との間の対話によって営まれている。たった1つの受精卵から、植物ではそれが分裂増殖して種子ができ、芽が出て茎を伸ばす。葉を広げ、大地に根を張って、やがて花開いていく。私たち動物では、たった1つの受精卵が分裂増殖して胎児となり、やがて眼や手足を備えて外界に出て行く。ある受精卵は芳香を放つ草花となり、別の受精卵は草花のまわりを飛ぶ昆虫や大空に舞う鳥、地を疾駆する獣になる。発生という事象は、不思議に満ちた生物たちの消長だ。

細胞は、「主体的な認識力」を備えた1つの生物だというのが、私の考えだ。その観点から発生を眺めてみると、どう見えるだろうか。受精卵は1つの生物であり、それが増殖して小さなグループとなる。そのグループは機能分化して大きな集団となり、やがて専門化する組織に分かれて、身体という巨大な社会をつくっていく。しかし、どうやってこれができるのだろう。

確かに細胞は、遺伝子をもっている。しかし遺伝子は、タンパク質の設計図であるにすぎない。発生という事象のすべてが書き込まれているわけではない。1つ1つの細胞がその設計図を読み取りながら、集団の仲間や外界から送られてくる信号を頼りにして、自分もまた信号を発信する。そうした細胞集団の膨大で複雑な相互作用が、個体という細胞の社会をつくっていく。その光景を見に行こう。

本書は「世界一面白い発生学の本」を目指した。ここで「面白い」というのは、「面白おかしい」という意味ではなく、「驚きや知的な刺激に満ちている」という意味のつもりだ。

たとえば、じっと枯れ枝に擬態しているサナギから、やがて虹色の翅を広げて飛び立っていくチョウ。長い身体をぐるぐると螺旋状に伸ばしながら、貝殻を形成していくカタツムリ。あるいは水中でエラ呼吸するオタマジャクシから、一代のうちに大変身して上陸を果たすカエル。生物の形態が驚くほど多彩なのは、発生の仕方が多彩だからだ。しかも、ゲノム解析などの進展に伴って、最近の発生学は生物の進化と密接に結びついた極めて興味深いものとなっており、「発生の仕方そのものが進化してきた」という道筋が次第に明らかになってきた。その様子を見に行こう。

細胞は周期性をもっていて、内部に栄養を蓄えると分裂する。そして反復的に同じ細胞を形成していく。これと同じように自然界には反復して形成される現象が多い。たとえば水晶は、二酸化ケイ素の分子が開いた腕を規則的に繰り返しつなぎあい、長い時間をかけて成長したものだ。また雪の結晶は、微小な塵などを中心として、水の分子が繰り返し配列してできる固体だ。

細胞の中では恒常性を保つために、多数の分子が相互作用しながら、化学反応のドミノ倒しが進行している。このドミノ倒しはぐるぐると循環していて、いつまでも反復され、終わることがない。反復形成は、流れ作業だ。同じものを同じプロセスで、同じ物理・化学的な力関係のもとで形成していけばよい。

生物たちは、なぜ反復形成するのか。それは、そうすることによって細胞の中の調子がよいからだ。生命現象を継続していくための恒常性が保たれて安定していること、それが調子がよいということだろう。

ところが自然の環境の下では、すべてが調子よくは進まない。必要な化学分子が枯渇してしまったり、荒々しい外力に翻弄されたりもする。日照りで水も食料もないこともあれば、突然暴風雨に見舞われることもある。

そこで方向転換が必要となる。あるものは反復形成するが、あるものは反復形成ができず、異形の方向に向かって形成するしかない。直線的に反復形成してきたものに、ここで分岐が起こる。異形が形成された前後で跡を辿ると、右に行ったものと左に行ったものとの間で、木の幹から枝が分かれるように分岐していく。樹状分岐である。

生物の発生は、反復形成と異形形成の繰り返しの現象である。異形形成が成功した場合には、生物はそれを利用し保存するようになる。

このような運動の繰り返しが生物界で分岐に分岐を重ねて、1つ1つの種となり、個体となっている。究極的には、樹状分岐したそれらすべてを包摂したものが、生物界の系統樹「生命の樹」である。樹状分岐したそれぞれの枝の先は、触手のようにうごめきながら対話を続けている。

その姿はたとえて言えば、多数の演奏者によって奏でられる交響曲(シンフォニー)のようなものだとも言える。演奏者は仲間の音を聞いて、自分の音やテンポを調節する。それは、シンフォニック、つまり統合された音響が互いに響きあい、影響を及ぼしあうことによって生み出されたネットワークの総体なのだ。

ふだん私たちは、生物の外側に世界があり、生物の内側に身体があって、それが交流していると考えている。しかし外側の世界とは何だろうか。物質的な意味での外界は、分子と電磁波が渦巻きながら茫洋と広がる空間にすぎない。同時に生物の身体もまた、分子や電磁波が一定の秩序をもって渦巻くだけの空間だ。

それでは私たちが見ているこの色彩と音響と香りの溢れる豊かな世界とは、いったい何なのか。私たちの個々が、ばらばらに見ているだけの幻想なのだろうか。

生物学は、そうでもないということを教えてくれる。特定の刺激を受け止める受容体は、生物界のかなり広範なメンバーで共通している。たとえば、光を感知する上では、細菌、緑藻、菌類からヒトまで、ロドプシンという類似した視物質が用いられている。また、接触を感知する受容体には、アメーバ、植物、センチュウからヒトまで、ピエゾ・チャネルという同様のタンパク質が用いられている。そうしてみると、外界の情報を共通の仕方で受け止め、生物の身体は比較的共通した認識力でもってそれらを解釈しているのかもしれない。世界とは、生物によって解釈された外界なのだ。

20世紀の前半、動物学者ヤーコプ・フォン・ユクスキュルは、動物の認識をそれぞれの個体が自分の身体のまわりに張りめぐらせたシャボン玉のようなものと観念して、そのシャボン玉を「環世界」と呼んだ。この考え方に影響を受けた哲学者マルティン・ハイデガーは、「世界内存在」という用語をつくって、現に生きて存在しているものの構造を規定しようとした。そこには「世界」に対する認識もあれば、「存在」つまり自分自身に対する認識もある。そしてこれらの認識は、これらを包摂するもっと大きなレベルの「内」によって取り囲まれている。

ハイデガーは「認識作用は世界内存在の一つの存在様式である」として、次のように述べた。

「内」は、根源的には、前記のような様式の空間的関係を全然意味しはしない。（略）「ある」という表現は「もとで」と連関があり、「私がある」は、これはこれで、私は、何々のもとで、つまり、これこれしかじかに親しまれているものとしての世界のもとで住んでいる、滞在しているということなのである。

（略）世界の「もとでの存在」は、世界のうちに没入しているという、さらに立ち入って解釈されるべき意味においては、内存在のうちにその基礎をもっている1つの実存範疇なのである。

（マルティン・ハイデガー『存在と時間』原祐・渡辺二郎訳、中央公論社）

世界をそのうちにある存在によって規定している「世界内存在」という概念は、すべての認識の根源として想定されている。これを生物、あるいは細胞に対して適用して考えてみると、生命現象という渦巻きのような特異な内的秩序が見えてくるだろう。

そしてその内的秩序が外界に対して触手を伸ばしていって、外界の信号を捉える。それによって生物は、外界の像を規定する。外界と身体は、別々の現象なのではない。現象に関するすべての認識は、生物のうちにおいて生起している。そしてこのような細胞たちが対話する様子に耳を傾ければ、40億年という果てしない悠久の生命の流れさえも見えてくることだろう。

細胞たちは認識し、対話する。その仕組みと様子を見に行こう。細胞たちの集団の中で、どのような会話が行われているかに耳を傾けてみよう。相互に響きあう会話のネットワークは、あるときはバンドの音楽や室内楽のように小編成であり、あるときは交響曲のように大編成となることだろう。

その対話の流れは、やがては分岐し、多彩な生物となり、今あなたが窓の外に見るように、木々となり鳥となり、遠くの山々へと広がっていくことだろう。私たちは、想像力も使って、認識の奥にある第3の耳を研ぎ澄ませなければならない。そして、細胞たちが永遠のリズムを刻む音楽に耳を傾けてみよう。

準備は整った。それでは、澄み渡った高空に舞い上がり、生物の発生と進化をめぐる壮大な旅に出発することにしよう。

目次

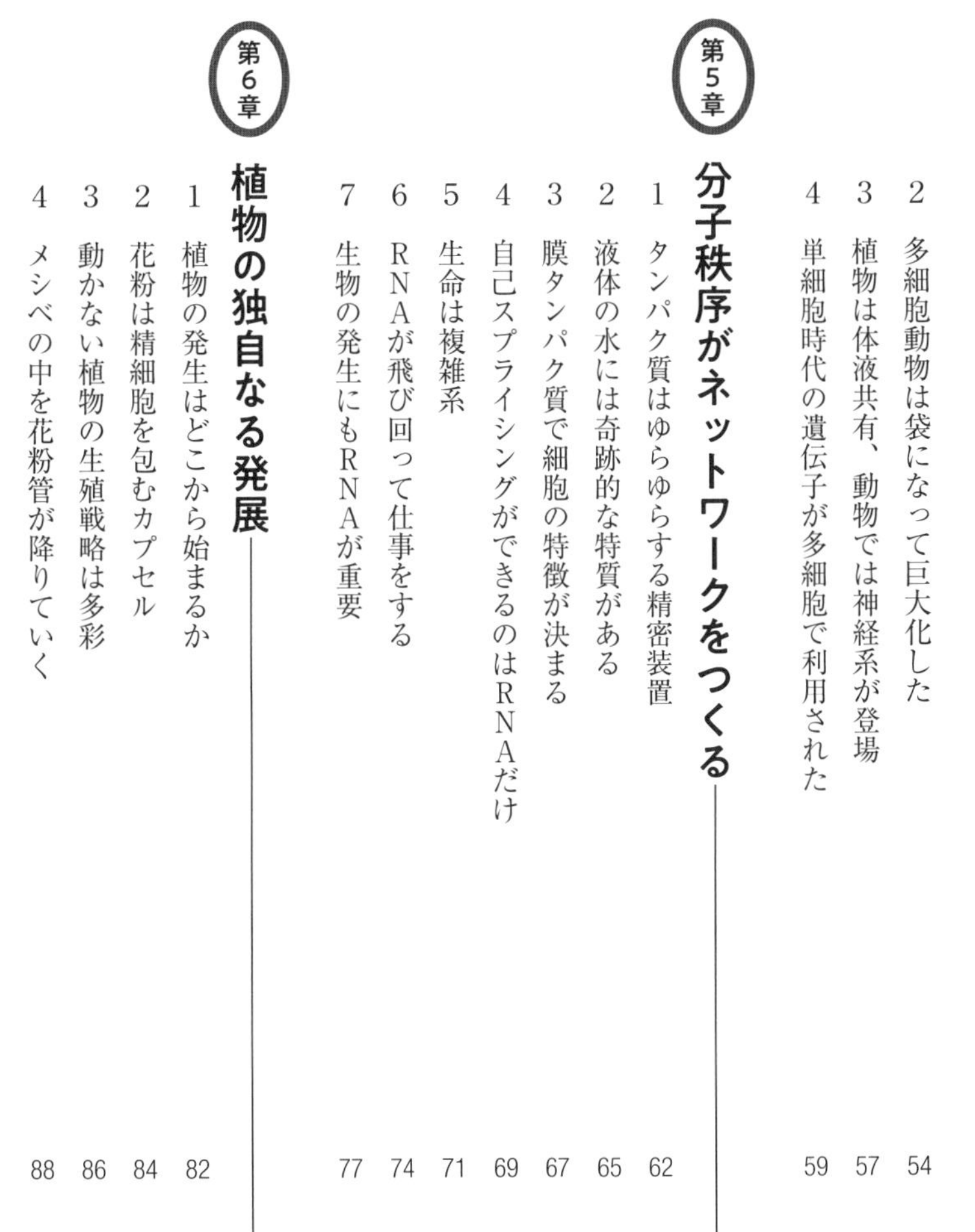

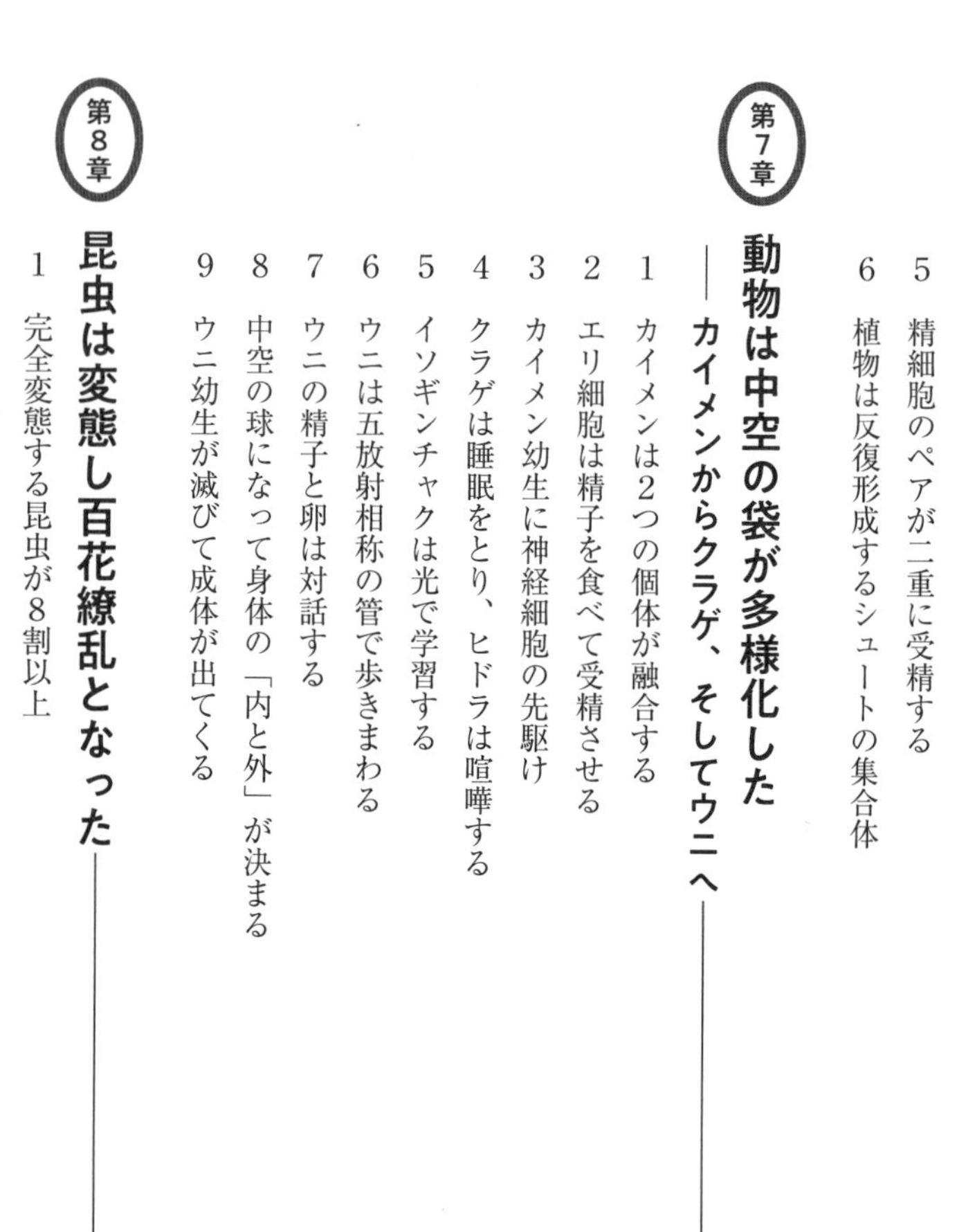

第9章 軟体動物は変幻自在 137

第10章 陸に上がってカエルになった ── 形態と本能の形成 153

第11章 ヒトは胚のカプセルからできてくる

第12章 信号分子の相互作用で発生が進む —— 195

第13章 反復形成・異形形成は階層をなして進む —— 211

第14章 信号の階層が内的秩序を発展させた 233

装幀＝新曜社デザイン室

第1章 単細胞生物は完璧な個体

1　ツリガネムシから話を始めよう

17世紀に顕微鏡を使って人類で初めて単細胞生物を観察したオランダのアントニ・ファン・レーウェンフックは、ツリガネムシを特に好んだという。顕微鏡で単細胞生物の観察をする人は、誰もがツリガネムシを好きなことだろう。私も子供の頃に池の水で初めて見つけたのがツリガネムシだったこともあって、今もことのほかこの単細胞生物に愛着している。

何と言っても逃げていかないので、じっくりと観察できるのがありがたい。ツリガネムシはその名のとおり釣鐘のような円錐形の身体をしており、透明なワイングラスのようにすぼまった下の部分から紐が出ていて、水底の岩や水草などに付着している。前方の入口には、多数の繊毛が生えている。本体の大きさは50㎛（1㎛（マイクロメートル）は、1㎜の千分の1）と、髪の毛の太さより少し小さい程度だ。

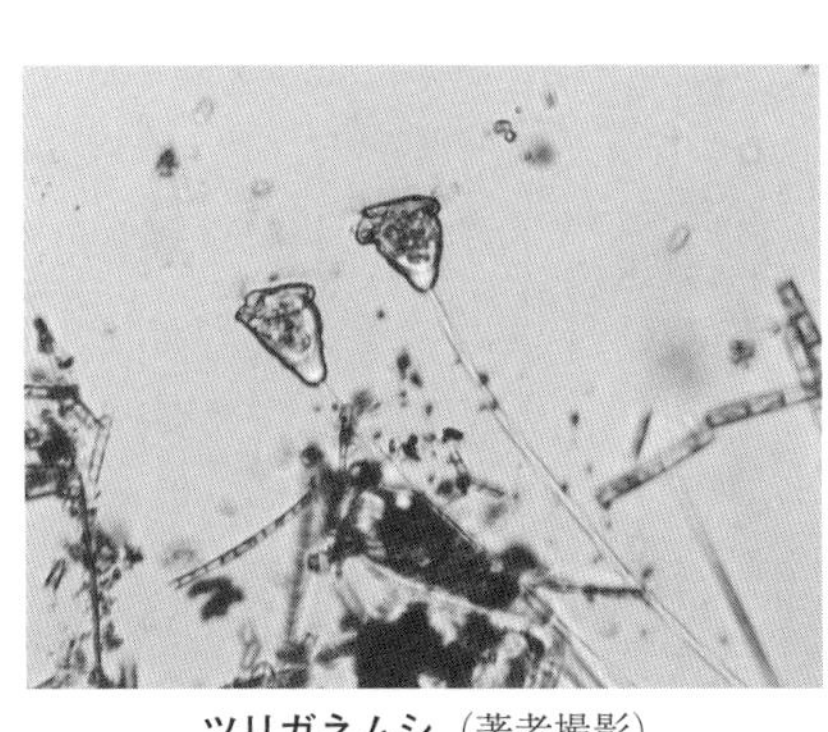
ツリガネムシ（著者撮影）

ツリガネムシのような仲間を繊毛虫と言うが、他の繊毛虫は泳ぐのが素早くて顕微鏡の視界からさっといなくなってしまう。これに対してツリガネムシは、透明な身体に生える繊毛をせわしなく動かして、水流づくりを見せてくれる。細菌などがワイングラスの中に入ってきて、これを食料としているのである。

いつも一か所にじっとしているのでは危険だと思うのだろう。ときおりぱっと身体を支える紐を縮める。目にも留まらぬ早業で身体が根元の方に移動する。これはコイル状の特殊な繊維を利用していて、そのスピードは、動物界で最も速い筋肉の実に10倍も速い。そして再び紐がゆっくりとほどけるように長くなって、身体は水中に伸びていく。

ツリガネムシのやっていることと言えば、絶えず繊毛で忙しく水流を取り込むこと、何十秒かに1度ぴょんと跳ねて縮まること、そして再び紐を伸ばして水中に身体を伸ばすこと。この3つの繰り返しである。しかしどうやってぴょんと縮まるタイミングを計っているのだろう。その時間は一定しているわけではなくて、個体によって差がある。個々のツリガネムシが外界を感知しながら、自分の内部状態と照らし合わせて、縮まるべきタイミングを決めるのだろう。

今から30年以上前のこと、私は仕事でパリに住んでいた。息子が10歳になったので、顕微鏡で単細胞生物を見せたいと思い、ある晴れたうららかな日に郊外の公園に出かけた。公園の中央で弧を描ききらめく水を噴き上げる噴水のまわりが、人工の池になっていた。その池の水藻をピンセットで採取して、顕微鏡で見たのだ。焦点が合ったとき、果たして画面に現れてきたのは、透明な身体をしたツリガネムシたちだった。息子は顕微鏡に片目を押し当てて覗き込み、大喜びだった。ツリガネムシのおかげで、私も父親としての面目を保った。

しかし私が子供の頃この単細胞生物を見つけたのは、日本列島の片田舎にある庭の池だった。なぜ同じツリガネムシが、ヨーロッパ大陸の噴水の池の中にいるのだろう。ふだんは固着生活をしている微小なツリガネムシが、どうやってこれほど離れた土地に広がったのだろうか。

実は彼らは、空を飛ぶことができるのだ。池の水が蒸発してなくなると、単細胞生物は、「シスト」という丸まった状態になり休眠する。そして風が吹くと空中高く舞い上がり、遠くまで旅をする。青空は、意外なほどに生物で満ちている。ときには雲の中で水を吸って、休眠から目覚め活動することもある。そして雨粒の中に含まれたままで、地上の至るところに着地するのだ。

単細胞生物たちは1つの細胞だけとはいえ、機械ではない。ちゃんと自律的に判断し選択して、生命をつないでいく術を心得ている。繊毛運動をして食料を十分に取り込み、身体の中で栄養分が蓄積すると、分裂して2つに増殖する。感覚したり食べたり、分裂したり休眠したり、旅をしたりする。肝心なことは、1つの細胞が生物としての基本だということだ。私が単細胞生物から話を始めたい理由は、そこにある。

しかも私たちもツリガネムシも、悠久の時を経て時間の中を旅してきたことに変わりはない。最初に地上に誕生した究極の祖先から、生命は40億年という気の遠くなるほどの時間を経て旅をしながら、枝分かれに枝分かれを重ねて膨大な数の種へと分岐してきた。私たちの祖先とツリガネムシの祖先が別れたのは、10億年以上前の単細胞だった時代のことだ。私たちの祖先はやがて多細胞となり、背骨ができて泳ぎまわり、手足ができて上陸して行った。一方ツリガネムシの祖先もまた、単細胞のままで生きるという選択をして、長い歳月の中で進化してきたのだ。

実験室でのアメーバは、1か月間何も食べさせないでいても平気でいる。単細胞生物は、シストの状態になれば数万年でも生きられると言われる。単細胞生物たちは、空間の彼方だけではなくて、時間の彼方からやってくることができるのだ。そして今、別れてから10億年以上の時を経て、ツリガネムシと私たちは、日本の田舎の池で出会い、またパリの噴水の池で出会うことになるのである。

2　1つの細胞には何ができるか

それでは1つの細胞にはどこまで何ができるのだろうか。ヒトの身体は、37兆もの細胞の集合体であって複雑すぎる。まずは1つの細胞の能力を見るために、単細胞生物に教えてもらうのが適当だろう。

その答えは、1つの細胞には何でもできる、ということになる。ツリガネムシと同じ繊毛虫類で、よく調べられているゾウリムシを見てみよう。

ゾウリムシには頭の方向と尻尾の方向があって、いつもは多数の繊毛を打ち振りながら頭の方向に向かってすいっと泳ぐ。食料となる細菌の匂いがすると近寄るし、強い酸性やアルカリ性の液体を垂らすと、そこから逃げる。つまり嗅覚をもっている。何かにぶつかると方向転換する。つまり触覚をもっている。光を浴びせると逃げる。つまり光覚をもっている。水の温度が高すぎても低すぎても逃げる。つまり温度感覚をもっている。もといた温度を覚えていて、その温度のところに集まろうとする。つまり記憶もできる。ゾウリムシの感覚の種類は、私たちと比べてもあまり遜色がないのだ。

感覚だけではない。食料を胃に当たる袋に取り込んで消化し、余分なものは排泄する。塩分調節をするために、収縮する部分に水を貯めたり、排出したりする。栄養が体内に蓄えられると、分裂し増殖する。分裂するだけだとだんだん身体が老朽化してくるので、ときには異性と出会って接合し、有性生殖をする。1つの細胞だけでも、生物の個体としてなすべきことは何でもできるのだ。

単細胞生物の中には、特殊な能力を発達させたものも多い。ディディニウムは、毒のついた槍を放出する。クラミドモナスは、私たちの眼と同じ光のセンサー、ロドプシンをもっていて、これが電流を誘発して鞭毛で泳ぐ方向を変化させる。フィエステリアは、活動に応じてヒトデのようだったり、毛玉のようだったり、小さく丸まったりと、10以上もの全く異なった形態に変化する。モリメダマムシは、1つの細胞だけなのになんと眼球をつくった。眼球は、ちゃんとレンズと網膜と角膜でできている。モリメダマムシは捕食者であり、その大きな眼球で獲物を見ているものと考えられる。

1つの細胞は、潜在的には何でもできるのだ。その能力のうちどの部分を特別に発達させたかによって、それぞれの細胞の個性が決まる。それは私たちの身体の中で200種類以上に専門分化した細胞たちにとっても、同じことなのである。

3 膜が外界を認識する

1つの細胞で何でもできるのだとすれば、何がそれを可能にしているのだろうか。それには生物と外界の境目にある「細胞膜」の果たす役割が大きい。わずか5～10nm（1nm（ナノメートル）は1mmの100万分の1）の厚さの細胞膜は、細胞のいわば皮膚である。皮膚と言っても内側を保護しているだけでなく、細胞にとって膜は手足であり、感覚器でもある。外界の分子を取り込んだり、外界を認識したりする。

どうやって外界の分子を内部に取り込むのかというと、それは分子の種類にもよる。水や酸素、二酸化炭素のようなごく微小な分子は、膜内外の濃度差で自然に拡散されて細胞内に入ってくる。しかし水に溶けて電気を帯びたイオンは、専門のイオン・チャネルという通路を介してしか入れない。単糖・アミノ酸といった有機分子は、特定のタンパク質でできたドアを開閉することで中に入れる。

ここまでは細菌でもできる。しかし細菌に比べれば、繊毛虫類や私たちの体細胞は、1000倍以上もの体積がある。こうした大きくて中に核がある細胞が「真核細胞」だ。真核細胞は、その身体を養うために、別の方法で食料を取り込むことができる。100nmといった比較的大きな栄養分でも、細胞膜で包んで小さな袋をつくる。それを細胞の内部に向かって、カプセルにして送り出す。そしてカプセルの中で小さな分子にまで消化するのだ。これを「食作用」と呼ぶ。

細胞膜はまた、外界の情報を感覚する。感覚器となるのは、膜の上に浮かぶタンパク質だ。細胞膜というのは、リン脂質の海にタンパク質の小舟が浮かんでいるようなものだ。膜の上で流動するタンパク質なので、これを「膜タンパク質」と言う。

膜タンパク質は様々な機能を果たしており、外界を感知するための「受容体」となっているものも多い。受容体のタンパク質は膜を貫通していて、膜の表面側に頭部、裏側に足を突き出している。頭で外界の刺激を捉えると、足の形が変形する。外界の刺激というのは、眼の網膜の細胞なら光、皮膚の細胞なら接触、そして鼻の嗅覚の細胞なら化学分子である。するとそれをきっかけとして、化学反応のドミノ倒しが連鎖的に起こるようになっている。

このように細胞膜は食作用もするし、感覚もする。しかしそれだけではなくて、実は膜はもっと自由自在なのだ。膜は、細胞の内部側に入り込んで、ダイナミックに動き回るのである。

4　細胞の中は膜だらけ

かつて古い時代には、細胞の内部の細胞質は水を多く含む均質なものだと考えられていた。しかし電子顕微鏡が発達するにつれて、細胞の中で見えてきたのは、膜だらけの光景だった。細胞の中は、重なりあったカーテンのようであり、あるいは北極圏に浮かぶ襞の多いオーロラのようでもあって、多数の膜でびっしりと占められていたのだ。膜は細胞の容積の実に2分の1を占める。

しかも膜は、カーテンのように平面的なものではない。すべての膜は、袋なのだ。膜には表と裏があって閉じる性質をもっているので、細胞の内部に入り込んだ膜は出口のない袋状になる。それが何重にも折り込まれたり、重なりあったり、ちぎれて小さな球の小胞になったりする。

膜でできた袋は、実に様々な小器官に進化した。小胞体、ゴルジ体、液胞、食胞、収縮胞、刺胞などである。その機能も様々だ。細胞の中で小胞とか顆粒とか言われているものは、実は膜でできた小さな袋なのだ。

1つ共通しているのは、袋の表と裏はしっかり区別されているということだ。表側には糖質が出ていて、それで他の細胞を認識したり、ものに付着したりする。袋の中は液体で満たされており、液体は分泌された酵素などを含んでいる。小胞は最後には細胞膜と合体して反転し、そこで内容物を吐き出して、再び細胞膜の一部となる。

このような膜を製造しているのは、「小胞体」である。小胞体という名前は、小胞の膜をつくる小器官という意味だ。小胞体自身は小さいものではなくて、むしろ細胞内で巨大な膜のカーテンの主体を占めている。小胞体だけでも、細胞の容積の15％を占める。小胞体で管のようになったものは、枝分かれする。また、発達して網目のようになったり、薄い袋が重なりあったりする。

小胞体は膜をつくるだけではない。製造所リボソームでタンパク質の紐がつくられると、紐はすると小胞体の中に送り込まれる。小胞体は、そのタンパク質の紐を折りたたみ、行き先を示す糖質のタグを付ける。そして小胞に詰めて、送り出す。

ゴルジ体は、円盤状の平べったい袋がお菓子のミルフィーユのように何重にも重なりあった形をしている。タンパク質は、ここでさらに細かく糖質で修飾される。そして再び小胞として送り出される。ホルモンなど細胞から出て行く化学分子は、小胞体・ゴルジ体を経由して配達伝票をつけられるのだ。

驚くべきことに、膜は膜からしかできてこない。膜がないところに、忽然として膜が現れることはない。小胞体かその一部がなければ、新しい膜をつくることはできない。つまり、遺伝子だけで膜をつくることはできないのだ。

その小胞体の膜は、父母の生殖細胞がもっていた膜から継承したものだ。太古に存在することになった生物の膜が、何十億年という時を経て受け継がれ、今日に至っている。細胞で受け継がれ、樹状に分岐して行ったものは、遺伝子だけなのではない。あなたや私の細胞膜もまた、連綿として受け継がれながら樹状分岐して、現在の姿へと進化してきたのである。

5　細胞骨格で細胞が動く

核のある単細胞生物の形態を見ると、大きく3つのタイプに分類される。1つは「アメーバ・タイプ」であり、細胞膜を自由自在に変形させて触手のように伸ばしながら歩く。2つ目は、「鞭毛タイプ」だ。細胞膜の表面に鞭毛があって、これをぴんぴんと打ち振りながら泳ぐ。ツリガネムシのように多数の繊毛が体表に生えている場合は、その変形だ。そして3つ目は、「細胞外被タイプ」だ。ミカヅキモの細胞壁やケイソウの殻のように、身体のまわりに堅固な防護壁を張りめぐらせている。

1種の生物であっても、時期に応じてこの3つのタイプを移行していくものが多い。クラミドモナスは、鞭毛で泳ぐ時期と細胞壁をもっている時期がある。またプロタスピスは、場合に応じて3つのタイプを使い分けている。

私たちの身体にも、この3つのタイプに専門分化した細胞がいる。尾で泳ぐ精子は、まさしく鞭毛タイプだ。同じように耳の聴覚細胞や三半規管の細胞にも、鞭毛が変形した感覚毛がある。眼の視細胞で光を受ける長い部分も、鞭毛が変形したものだ。

一方で白血球は、血管や組織の中をうろうろと自在に這いまわって病原体を捕食するので、アメーバ・タイプである。また、コラーゲンを分泌する皮膚の真皮細胞は、じっとしている細胞外被タイプということになる。

細胞がアメーバのように変形したり運動するのを内側から支えているのは、「細胞骨格」である。細胞を支える骨組みだ。その実体は、タンパク質を長く連ねた丈夫な繊維である。

細胞が変形し、あるいは運動するために用いている細胞骨格には、「微小管」と「微繊維」がある。微小管というのは、その名のとおり小さな管になっている。実はこれが、鞭毛の正体だ。鞭毛は、微小管2本が融合した管が9組集まってできていて、その管を構成するタンパク質をチューブリンと言う。その9組の管がぐるりと輪のように取り巻いていて、中央にさらに2本の管がある。「9＋2」の構造だ。

微小管は、細胞の外に突き出た鞭毛だけでなく、細胞の内部にも張りめぐらされている。硬さがあるので細胞というテントの骨格となるが、それと同時に道路でもある。輸送専門のタンパク質キネシンは、微小管の上で荷物を担いで、なんと2本の足で歩行する。

一方、「微繊維」の方は、微小管よりもはるかに細くて糸の状態であり、7種類以上のものがある。このうちアクチン繊維は、アクチンというタンパク質が、長く重なりあって繊維をつくる。この繊維が一方の端でアクチンを結合して伸びていき、もう一方の端でアクチンを解離して消えていく。

私たちの筋肉細胞で伸縮が起こるのは、アクチンの繊維が、モーターとなるタンパク質ミオシンと相互作用して、伸びたり縮んだりするようになっているからだ。アメーバのように細胞が運動したり、植物細胞の中で細胞質が流動するのも、こうした微繊維の伸縮によって起こっているのである。

6　細胞外被は動物・植物で共通

古くから植物細胞と動物細胞の大きな違いとして、植物には細胞膜のまわりに頑丈な細胞壁があることが特徴とされてきた。細胞壁のせいで植物は動き回ることができないものの、空に向かってすっくと立ち上がる堅固な身体となる。

しかし現在では、動物細胞にもまた「細胞外被」と呼ばれる細胞を包む物質があり、この点では植物と動物に本質的な差はないものとされている。植物も動物も細胞の外に分泌して、外被をつくるのだ。細胞外被は、主に多糖類や他の有機質が網目状になり、細胞壁や細胞外のマット（細胞外マトリックス）などとなったものだ。

細胞は、細胞膜だけでなく細胞外被を接触させて、外界にあるものを認識する。動物の場合は、細胞外被が細胞外のマットとなり、細胞はそれに捕まって歩いたり組織をつくったりする。また、動物の表皮と組織の隙間も、このマットで埋める。分泌されるマットに含まれる物質は、動物の骨のような硬い構造物となることもあるし、軟骨や膠（にかわ）のように弾力性のあるものになることもある。

動物・植物だけでなく単細胞生物もまた、細胞から分泌した物質で外被をつくる。アメーバは、仮足のまわりに張りめぐらされた外被に接触することによって、ものを識別している。渦鞭毛虫は、セルロイドのような鎧を身にまとっているし、円石藻や有孔虫は石灰質の殻をもっている。

つまり植物も動物も、10億年以上もの昔に単細胞生物だった頃から、細胞外被を分泌していた。その細胞外被もまた、歴史の中で樹状分岐した。そして、樹木の幹、貝殻、昆虫の表皮であるクチクラ、チョウの鱗粉、あるいは私たちの骨や血管・腱などに進化し、自然界を多彩に彩っているのである。

7　ミトコンドリアと葉緑体は間借り人

細胞の中の様々な区画が膜や繊維からできているのに対して、ミトコンドリアと葉緑体は全く異なる。ミトコンドリアと葉緑体は、それ自体が独立しているのだ。固有の膜をもっていて、その膜を内側に何重にもめり込ませ、膜で酸素呼吸や光合成を行う。表面は固有の膜に包まれていて、外界の目印である糖質を外に向けている。しかしそのまわりにもう1枚膜がある。この2枚目の膜の方は、ミトコンドリアや葉緑体の膜ではなくて、それを包む細胞質側の膜だ。しかもその膜は、ミトコンドリアや葉緑体の方向に向かって、外界の目印である糖質をつけている。つまり2枚の膜が、空間を隔てて向かい合っているのだ。

それもそのはず、ミトコンドリアや葉緑体の祖先は、20億年もの昔に細胞に飲み込まれた細菌だったのだ。飲み込んだ宿主の方は、「古細菌」である。古細菌というのは、細菌とは異なった巨大グループであって、高温の温泉や塩分の高い湖などに生息していることで知られている。現在の生物学では、生物界は大きく3つの「超界」、すなわち、① 細菌（バクテリア）、② 古細菌（アーキア）、③ 真核生物に分類される。

その古細菌に飲み込まれた寄生者の方は、酸素呼吸をする細菌（αプロテオ細菌の一種）であった。これがミトコンドリアの祖先となった。それを飲み込んだ宿主の古細菌こそが、私たち真核生物の祖先なのだ。古細菌の中でも「アスガルド」と呼ばれるグループに属していた。

アスガルドの古細菌は、アクチンなど微繊維のもととなる分子をもっている。このため食作用を行うことができて、細菌を飲み込んだものと考えられる。飲み込まれた細菌は消化されないで宿主の身体の中に寄生した。そしてやがて宿主と細菌の活動が均衡して、共生するようになった。ミトコンドリアたちは、永劫の間借り人なのだ。その間借り人は酸素呼吸を行って、莫大なエネルギーをつくり出す。肝臓のような活発な細胞では、1細胞の中に1000個以上ものミトコンドリアがうようよと活動している。

ミトコンドリアが古代にもっていた遺伝子の多くは、宿主の核の方に明け渡した。しかし、今でもいくつかの疎水性タンパク質をつくるための遺伝子は、ミトコンドリア自身の中で保持している。そして、もともと独立の生物体なのだから、酸素呼吸以外にも様々な活動ができる。ミトコンドリアは、分裂したり、ときどきくっついて融合したりする。宿主の細胞全体のカルシウムを調節したり、脂肪やアミノ酸を合成・破壊したり、さらにはヘムという酸化還元反応を促進する重要な分子をつくる。また、熱で凝集して機能不全になったタンパク質を取り込んで分解する。

そして宿主の細胞が老化したり損傷したりして衰弱してくると、ミトコンドリアは、カスパーゼというタンパク質を活性化させて細胞を自死させることさえやってのける。その機能のおかげで、部分的に細胞死を誘導できるようになり、多細胞生物が成立したのだという説もある。

アスガルドの古細菌がミトコンドリアの祖先を飲み込んだのは、約20億年前のことだった。これが真核細胞の祖先となり、生物は複雑さを増して、階層を1段上がった。次にこのうちのあるものが、今度は光合成細菌を飲み込んだ。光合成細菌は、葉緑体の祖先となった。この2度目の合体によってできたのが、現在の植物の祖先である。葉緑体もまた、永遠の間借り人なのだ。

葉緑体を含む細胞について、ファーブルは次のように書いている。

緑の細かい粒で腹をいっぱいにしたこのまるい細胞を見てごらん。（略）たいていの人間は、そんなものが存在することさえ考えてもみないほどささやかな存在なのだが、私たちはみんなこの細胞の意のままだ。葉の厚みのなかで、簡素な服をきておとなしく平行に居ならび、自分たちだけが秘法を知る高度の料理に浸っている細胞を見てごらん。これがほんとうに世界の女王なのだろうか。その腹のなかで帝

国の運命が決まるのだろうか。（J‐H・ファーブル『ファーブル植物記』日高敏隆・林瑞枝訳、平凡社）

葉緑体の祖先である光合成細菌は、もとはと言えば紫外線からDNAを守るために、紫外線を吸収する色素を合成していた。それが光を吸収して高いエネルギー状態になるものだから、そのエネルギーを有効に活用する光合成を開発したものと考えられる。葉緑体の方も、もとは独立の生物体だったので、光合成を行っているだけではない。宿主の細胞のために、窒素や硫黄を組み換えたり、色素や脂質を合成したりするなど様々な活動を行っている。

葉緑体が独自にもつDNAの量は、ミトコンドリアのDNA量の10倍にも及ぶ。それだけ生物としての自律性も高いことになる。このため細胞が核分裂する時期をきちんと見ていて、葉緑体もそれに合わせて分裂することができる。

このような経緯によって、宿主側だった細胞の膜と、間借り人だったミトコンドリアや葉緑体の膜が二重になり、空間を隔てて向かい合ったのである。

ところが単細胞生物の中には、三重の膜をもつものがいる。これは、ある種の単細胞生物が、すでに二重の膜をもっていた植物（単細胞の藻類）を、さらに飲み込んで光合成を行わせたためだ。ミドリムシ、クリプトモナス、渦鞭毛藻など、多くの系統でこのような三重合体生物が生まれた。こうした生物の身体の中では、元の光合成細菌の膜、それを飲み込んだ古細菌の膜、さらにそれを飲み込んだ単細胞生物の膜が、今も三重の入れ子構造を守っているのである。

8　核は細胞質を区切ったもの

さてそれでは、細胞の中央にかなり大きな領域を占めて、でんと構えている「核」とは、いったい何者なのだろうか。

アメーバは、核を取り去ると死んでしまう。核の中には長大なＤＮＡが収納されていて、これがタンパク質をつくる設計図だ。したがって、核がないとタンパク質を合成できなくて衰弱してしまうのだ。しかし、私たち哺乳類の赤血球は、核をもたない。赤血球もまた１つの細胞であり、呼吸も運動も反応もする１つの完全な生物体なのだが、成熟して骨髄を離れて行くときに核を捨ててしまう。新しいタンパク質を合成しないのであれば、細胞にとって核は重くて邪魔ということになる。それでも赤血球は生きていて、１００日以上もの間、仕事を続けるのである。

核はＤＮＡの収納庫であり、ミトコンドリアや葉緑体のように膜で包まれているので、一見独立した生物体であるかのように見える。ところが実はそうではない。核の膜はあちこちに穴が開いていて、細胞質とつながっていたり、小胞体とつながっていたりする。ミトコンドリアや葉緑体のように、細胞質から切り離された独立の単体にはなっていない。

一方で核は、単なるＤＮＡの収納庫ではない。核膜は核の中に取り込む物質を厳重に選択する。また、核の中にある核小体で、特殊なＲＮＡ（リボ核酸）やタンパク質が活動して、タンパク質製造所リボソームを組み立てる。リボソームは1細胞に数十万個から数百万個が必要だ。まるで核だけで1つの生き物であるかのように働いているし、事実、細胞とは独立して生きることも可能だ。

ところが核は、細胞分裂という最も重要な時期には消えてしまうのだ。その代わりに、それまで核の中で糸状に広がっていたＤＮＡは、ぐるぐる巻きに圧縮された染色体として見えるようになる。核が消失して、染色体が出現する。これはいったいどういうことなのだろうか。

結局のところ、核の膜というのは、細胞の中にある多くの膜と同じなのだ。膜は伸びたりちぎれたり、壊されて消えたりすることができる。核はその性質を使って、膜で一定の機能的な区画を仕切っているだけなのだ。核膜は、小胞体を平たくした状態で2枚重ねの袋となって、小胞体とつながる。つまり核膜は、小胞体の延長なのだ。細胞は大切なＤＮＡを混雑から避けるために、またウイルスや有害物質から守るために、小胞体の膜で二重に包んで隔離した。核は単なる区画なのだ。

それでは細胞分裂のときには、なぜ核が消えるのだろうか。細胞分裂をする以前には、細胞は必要なタンパク質を合成したり、ＤＮＡやＲＮＡを複製したりしておく。しかしいざ細胞分裂をする段階となると、これらの代謝活動はいったん停止しなければならない。ＤＮＡは荷造りされて、7200分の1の大きさまで圧縮され、糸をぐるぐる巻いてつくった2本のウィンナー・ソーセージのようになる。これほど凝縮してしまうので、細胞がＤＮＡを読み込むことはできなくなる。したがって、染色体が引っ越しする間、栄養活動は停止したままだ。単細胞生物は、鞭毛を捨ててじっとしており、泳がない。栄養活動と生殖は両立しないのだ。

細胞分裂のときには、染色体を両極に分ける上で核膜が邪魔になるので、いったん消える。核膜は消滅するのではなく、成分として散開している。核膜の成分は、繊維に付着して残っている。やがて細胞が2つに分裂するときに、核膜は再び構築される。

細胞の栄養活動と生殖は同時にはできないため、それを分業しようというものも出てきた。ゾウリムシなど繊毛虫類は、大核と小核という2つの核をもっている。大核はふだんの栄養活動を司っており、大核を取り除くと食料を摂ることができず、2日のうちに死んでしまう。また大核が少し損傷したようなときには、まるで肝臓のように、ちぎれた大核が大きくなって再生する。

一方の小核は生殖専門であり、DNAや分裂装置を保存している。有孔虫のある種では、緊急事態のときには、小核は大核に変身することもできる。しかし逆に大核が小核に転じることはできない。小核は万能性を保っているのに対して、大核はすでに専門分化してしまっているのである。

細胞間の仕切りを取り払ってしまった特異な生物についても、見てみよう。変形菌は、最も賢い単細胞生物だと言われる。細胞としては1つのままであるにもかかわらず、数cmもある巨大なアメーバのような外観を呈する。そしていくつもの突起を触手のようにうねうねと伸ばす。驚かされるのは、変形菌は、食料を最短距離で入手するという迷路の問題を解くことができることだ。また経験についての一定の記憶をすることさえできる。確かにその能力は、たいしたものだ。しかし私は、この生物は単細胞生物というよりも、多細胞生物と言うべきものだと考える。全体が1つの細胞だとは言っても、多数の核をもっていて、細胞の間に細胞膜の仕切りがないだけなのだと考えた方が分かりやすい。

このようにたくさんの核をもつ細胞を「多核体」と言う。多核体には、変形菌のほかに、単細胞生物としては有孔虫もいる。多細胞生物では、カビ・キノコの菌糸、昆虫の初期胚などがある。私たちの筋肉細胞も多核体だ。細胞質はそれぞれの部分で外界と内部状態を感知し、それぞれの核に問い合わせてタンパク質をつくるのだろう。

このように細胞は、すべてのものが隔壁で仕切られているとは限らない。ときには隔壁をつくらず、多くの細胞が一体となることもある。それでもなお核ごとの個性は保持している。たとえばカビ・キノコの菌糸では、1つの細胞の中で多数の核ごとにオス・メスといった性の違い（不和合因子）があるものがある。そして、自分の好みの相手を見つけて核同士で接合する。生物は膜で包まれたものであることに変わりはないが、ときには個々の細胞の隔壁を取り払うことだってあるのだ。

9　ヒトの身体は日本列島

核のある単細胞生物を見た章の終わりに、細胞のスケールということにこだわっておきたい。小ぶりのゾウリムシの大きさ（0・1㎜）は、髪の毛の太さ程度だ。ゾウリムシを身長160㎝の成人の大きさに引き延ばしてみると、ヒトの大きさはどうなるだろうか。そのときヒトの身体は、25・6㎞にも巨大となる。東京の山手線の横幅、東京駅から新宿駅までが6㎞なので、ヒトの身長はその4倍以上となり、東京駅から23区を遠く超えて多摩地域の国分寺駅にまで到達する。

ところがゾウリムシというのは、単細胞生物の中では例外的に著しく大きい方なのだ。私たちの体細胞など一般の真核細胞は、長さにしてその10分の1（0・01㎜）ほどしかない。ということは、体細胞をヒトの大きさに引き延ばしてみると、ヒトの身体は２５６㎞となる。直線距離で東京から名古屋までに匹敵するほどだ。細胞は、これほど小さなものだ。

しかし話はそれで終わらない。ここまでは核のある真核細胞の話だった。しかし核のない細菌のような「原核生物」(原核細胞)となると、長さでさらに10分の１（０・００１㎜、１㎛）程度となる。もちろん原核生物にも大小はあるが、小ぶりの１㎛程度の細菌をヒトの大きさにまで引き延ばしてみるとどうなるか。私たちの身体は、なんと日本列島ほどの長さになってしまうのである。そして細菌たちは、こうした広大なヒトの身体の腸内や皮膚で、競いあったり物質を分解したり、身体の細胞に働きかけたりしながら、局所的に多様な生態系を構築しているのだ。

長さで10分の１になるということは、体積では１０００分の１になるということだ。私たちの免疫細胞は、まるでクモの脚のように四方八方に多数の触手を伸ばし、細菌を捕まえて食べてしまう。免疫細胞のしなやかに湾曲するねじれた触手の先で捕らえられている多数の小さな棒状のもの。それが細菌である。次の章では、この微小な原核生物の世界を覗いてみよう。

なお、ウイルスとなると、スケールは細菌のさらに10分の１となる。ウイルスは核酸を中心とする結晶のようなものであって、水ももたなければ代謝もしない。つまり生物ではない。一般的なウイルスは、細胞のＤＮＡが、紫外線によって分断されてできた破片だと考えられる。そしてウイルスの大きさを仮にヒトの大きさにまで引き延ばしてみると、私たちの身体は、実に地球よりも遥かに巨大になってしまうのである。

第2章 細菌からの遥かなる道のり——原核生物から真核生物へ

1 細菌が空・海・陸をつくった

大学時代の終わりに、私はひとりの友人と一緒に千葉県銚子市にある屏風ヶ浦に行った。自然が雄大に循環していく様子をこの目で見ておこうという、友人の提案によるものだった。海岸近くの草地を延々と歩いて行くと、突然に断崖絶壁が海と接するところまでくる。私たち2人は、その数十mの高さがある断崖絶壁を苦労しながら降りて行った。

波打ち際まで来ると、私たちは目を見張った。白い波は広大な海の彼方からざざんと荒々しい音を立てて打ち寄せてくる。遥か彼方の水平線は、大洋の彼方へと消えている。頭上にはびゅうびゅうと渦巻く風と、しみひとつなく澄み渡った蒼穹、そして私たちの背後には、まさしく屏風のように切り立った崖が10㎞も連なって、延々と続いているのだ。

荘厳な光景だった。この広大な天地の間に見える人間は、私と友人の2人だけだった。友人の話では、この断崖絶壁は今も波や風に侵食され続けているということだった。私たちは激しく吹きつけてくる海風に打たれながら、自分たちがまるでアリのように小さな存在だと実感した。

私たちは、ふだん人間のスケールでつくられた街の中にいる。建築物も道路も道具も、人間が自分の大きさに合わせてつくったものだ。ところが大自然の中に出てみると、そこには自分とは全く違ったスケールがあることに気づく。

大洋と大気、そして陸地の循環は、空間的にも時間的にも人間とは全く異なった次元のスケールで営まれている。そうした自然の巨大な循環を、そのとき私たちは目の当たりにした。天地の間には風が吹き渡り、波が打ち寄せる。太陽が沈み、月が昇る。私たちは非力で微小で無力な生物として、言葉もなくただじっといつまでも波打ち際に佇んでいた。

世界にはこうした巨大なスケールがある一方で、逆に極微のスケールも存在する。最初に地上に現れた生物である原核生物は、私たち人間のスケールからは想像することも困難なほどに微小なものだ。たとえば私たちの指の先にも、目には見えないものの、数十万もの細菌が乗っている。

そして驚くべきことに、私たちが屏風ヶ浦で仰ぎ見た巨大なスケールの空と海と陸は、極微のスケールの細菌たちが何億年もかけて形成してきたものなのだ。生命誕生から20億年もの間、生物史の半分にも及ぶ長大な期間には、原核生物しか存在しなかった。その間に原核生物たちは、まず海と空をつくり変えたのだ。

最も大きな役割を果たしたのは光合成細菌たちだった。彼らは太陽光エネルギーをもとにして、二酸化炭素と水から糖質をつくり、不要となった酸素を廃棄した。酸素の作用で海に浮遊していた鉄が沈み、今私たちが利用している鉄鉱床ができた。原始の地球に酸素はほとんどなかったが、海にも空にも酸素が蓄積した。今あなたが呼吸している大気の2割は、酸素である。

廃棄物だった酸素を利用することができるようになったのも、細菌のおかげだった。酸素呼吸細菌である。これによって生物は、使うことのできるエネルギーが飛躍的に高まった。その後、前の章で見たように、酸素呼吸細菌や光合成細菌の祖先を飲み込んだ古細菌が、真核生物の祖先となった。飲み込まれた細菌の後継者は、ミトコンドリアや葉緑体として繁栄し、地球のすみずみにまで進出した。

大気中に酸素が蓄積すると、酸素の変形によって、上空にオゾン層が形成される。オゾン層は、強烈で致死的な宇宙線・紫外線を遮断するようになった。そのおかげで、5億年以上前から、広大な陸地が生物にとって生息できる環境になってきた。

空と海と陸という人間を超える巨大なスケールの循環は、細菌とその後継者たちというとてつもなく微細なスケールで循環する生命によって支えられている。そしてその中間に私たち人間がいる。こうしたスケールで見てみると、友人と私が屏風ヶ浦で感得したとおり、アリも人間も実はあまり変わるところはないのだった。

2　細菌の身体に長い1本のDNA

水分の多い食べ物を放置しておくと、何日かすると腐敗してしまう。このことは、細菌が至る所で活動していることを教えてくれる。

細菌たちは微小な存在なので肉眼では見えないものの、どこにでもいる。土の中や腸といった有機物の多いところには1g当たり数十億匹もひしめいている。空気中から水中、あるいは深海や地中奥深くのような酸素のない世界でさえも、彼らは大挙して住んでいる。活発に代謝しているものもいれば、休眠しているものもいる。その種は海で200万種、土の中で400万種という人もいるが、正確なことは分からない。数となると、私たち1人の腸内細菌だけでも百兆個以上とされるのだから、

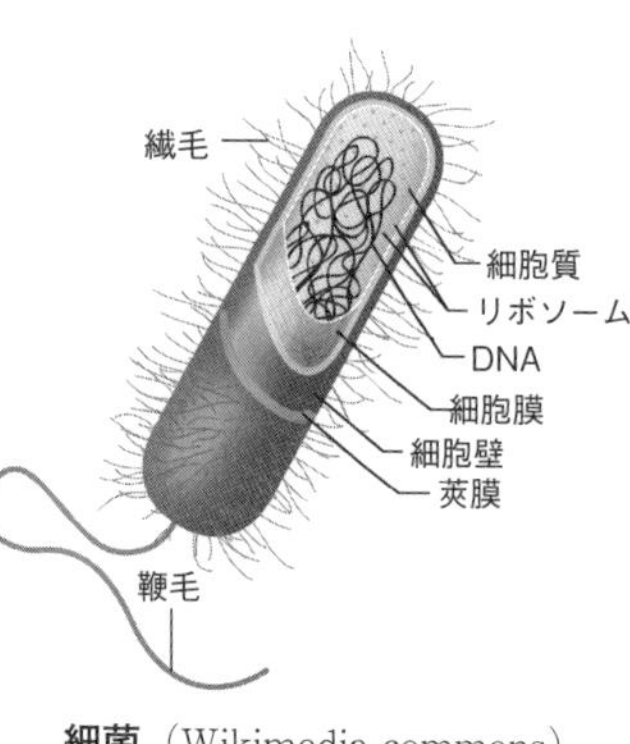

細菌（Wikimedia commons）

地上の細菌を合わせると天文学的な数字になるとしか言いようがない。

こうした原核生物の身体を拡大して見ると、細胞膜のもう一回り外側を細胞壁が取り巻いている。細胞壁は、糖質とアミノ酸の複合体で網目になった防護壁だ。これがないと水がどんどん入ってきて、細菌は破裂してしまう。細胞膜の内側は均質な細胞質だが、その中に縄梯子のようになったDNAが、ぐるぐるととてつもなく長大な一筆書きの環になって、1本だけ収まっている。それだけで、内部は均質であって、核もなければ、基本的には膜や繊維もない。他方、中には鞭毛をもっていて運動するものがいる。この鞭毛は真核細胞で見たような複雑な「9＋2」構造ではなくて、自己集合しやすいフラジェリンというタンパク質でできている。

これだけの一見単純そうなつくりであるものの、その活動は決して単純ではない。細菌たちは信号

を伝達しあって様々な活動ができる。匂い・味や接触・圧力、さらには光を感知する。出かけて行って食物を探す。選択する。感覚と運動の情報を統合したり、協調させたりする。相互作用する。仲間に近づきたいときに化学分子を発出する。これは、多細胞生物の細胞間でメッセージを運ぶホルモンの起源となった分子だ。そして、原始的ではあっても、「記憶」することさえできるのである。

3 大腸菌は感覚して記憶する

あたりの環境のどこにでも生息していて、私たちの腸内にもいる大腸菌について見てみよう。大腸菌は細胞膜の上に３４００本ものアンテナを突き出していて、匂いや温度の変化を感知する。アンテナは、タンパク質でできた受容体だ。そして何本もある鞭毛を右に旋回したり、左に旋回したりしながら、食料の匂いがする方に近寄って行く。逆に毒物の匂いがすると逃げていく。

化学分子を認知する能力は、感覚としては嗅覚だ。私たちヒトは、他の哺乳類に比べて嗅覚が劣っているので、これが分かりにくい。しかし一方で、舌の味蕾による味覚の方はとても敏感なので、感知の仕方を味覚で見てみよう。

甘い分子は砂糖などの糖質であり、塩辛い分子は食塩などの無機塩類である。その区別は、舌で舐めれば私たちには瞬時にして分かる。また食物が酸っぱいなら、細菌の分泌物が多くて腐っている。苦いなら、植物の毒物を含んでいる。こうしたことが、瞬時にして分かる。それだけでなく、そのおおむねの濃度まで分かる。赤ん坊は、甘いもの・塩辛いものは口に入れようとするものの、逆に酸っぱいもの・苦いものは本能的に口から吐き出してしまう。また私たちは嗅覚が鈍感だとは言っても、有害な悪臭が漂っていれば瞬時に分かる。

味覚・嗅覚というのはこのように瞬時にしてその意味するもの、濃度、そして分子の来る方向が分かり、それに対する自分の反応が決まる。

細菌には脳があるわけではないので、「甘い」とか「辛い」といった質的内容を理解しているわけではないだろう。しかし大腸菌が1つの化学信号を受け取ったときに、「接近するべきか、逃避するべきか」の区別は知っている。また、感知した化学分子の濃度をしばらくの間「記憶」しておき、異動した先の濃度がそれよりも高いか低いかを判断して、鞭毛による泳ぎのパターンを変化させることができる。

細菌に限らず細胞たちは、化学分子を言葉のように投げ合うことで対話する。隣の細胞に接触する場合には機械的な刺激もあるが、加えて味が化学信号となる。遠くから水に溶けて漂ってきたものは、匂いである。大腸菌の群れでは、その活動でできる化学分子がほのかな香りのような合図として働き、群れは自ら生み出す濃度勾配に沿って、移動する方向を決める。移動速度は、群れの先頭にいる細菌同士の対話によって決める。

細菌同士は相手を認識したり集団になったりするだけでなく、細菌が他の細菌に寄生する場合もある。ブデロビブリオという小型の細菌は、大型の細菌の細胞壁を壊して中に入り、その後増殖して出てくる。この細菌は、猛烈なスピードで相手に衝突し、細胞壁に付着してから身体を高速回転させる。

間もなく細胞壁に穴が開くので、中に入り込む。そして、宿主の細胞の中に入るのではなくて、宿主の細胞壁と細胞の間にある隙間に入り込んで成長する。場合によっては宿主の数倍の長さにまで伸びて、最後に一斉に分裂して増殖する。その頃には、宿主の細胞壁はすっかり溶かされてしまっている。

4 粘液細菌の社会には役割分担がある

細菌は光、酸素、さらには有機物がないところでも、岩石・鉱物を食べたりガスを食べたりして生きることができる。多様な細菌は、私たち真核生物にはできない多彩な代謝方法を開発した。それに加えて、進化の過程で個々ばらばらに暮らすのではなくて、群体になるものが出てきた。細菌は食作用ができないし、増殖も無性生殖だけであるにもかかわらず、一部のものは社会をつくって協力しあうのだ。

たとえば光合成細菌の中には、膨大な数で縦に長く連なって50㎝にもなる群体を形成するネンジュモがいる。彼らは光合成で糖質をつくるのだが、タンパク質をつくるには窒素も必要だ。そこで窒素不足のときに空中窒素を取り込む専門家の細胞が出てきた。この細胞は自分では通常の光合成をしないで、仲間から糖質を与えてもらう。その代わりに、仲間に対して窒素を供給する。環境条件が悪くなると、これとは別に休眠専門となる細胞も現れる。

細菌が群体になると、種によって糸のようになったり、鎖のようになったり、あるいは葡萄の房のようになったりする。放線菌は細長い糸のような身体つきをしていて、群体になると四方八方に糸を伸ばす。まるで怪物メデューサの髪の毛のようだ。放線菌の群体は、生殖のために胞子をつくる。胞子は、群体から離れて分布を広げる専門の細胞だ。また蛍光細菌では、層になった群体の中に粘性物質を分泌する専門家が出てきた。そのおかげで群体は、水に沈まないで浮かぶことができる。

驚くべき群体をつくっているのは、粘液細菌だ。粘液細菌は、群体で粘液を分泌して、すべすべした絨毯をつくり、その上を滑走する。そして獲物となる細菌集団に大挙して襲いかかり、狩りをする。群体の端の方には探索の専門家がいて、この探検家が獲物に触れると、仲間がオオカミの群れのように集まってくる。

食料が豊富なら、分裂してどんどん増殖する。しかし食料が枯渇してくると、多数の粘液細菌が一か所に集まってきて塚のように盛り上がり、さらにはまるで植物の幹のように立ち上がる。そしてその幹の先端の方で、数千から数万という膨大な胞子をつくる。胞子は乾燥に耐えて、数十年でも休眠できる。そして再び外界の条件が良くなると目覚めて、個々の粘液細菌に育っていくのである。

このようにまるで多細胞生物のような不思議な生態を示すものの、粘液細菌はどこにでもいるありふれた細菌だ。耳かき1杯の土からも、2種類から6種類のものが見つかる。温泉や深海にもいる。粘液細菌は集合したときの色調も、種によって黄色、桃色、オレンジ色、赤色、紫色、茶色、暗緑色、黒色と、まさに色とりどりだ。またその形も、球状、袋状のものやサンゴのように枝分かれしたり、さらには幹から枝が分岐したりするものもある。細菌たちは極めて微小だと言っても、ここまで進化することができた。認識力もあれば、役割分担もするのである。

5　膜と糸が発達して食作用が登場

巨大な真核細胞の中は膜だらけであるのに対して、微小な原核細胞の中は一般に均質な細胞質であることを見てきた。真核細胞のように食作用でものを飲み込むには、膜が細胞の内側にめり込んだり、細胞膜から離れて小胞になったりできなければならない。どうやって、それができるようになったのだろうか。

実は細菌の中には、原核生物でありながら、すでに膜をかなりの程度発達させたものたちがいる。たとえば光合成細菌は細胞質の中に陥入した膜を何重にも折りたたんで、そこで光合成をする。また、細胞膜の一部を細胞の内部に陥入させ、それを袋状にしてガスの溜まった空胞にするものもいる。それを使って、水中で浮いたり沈んだりするのだ。酸素呼吸細菌は、細胞膜の酵素を使って酸素呼吸する。細菌の内部の膜は、種によってメソソーム、クロマトフォア、チラコイドなどと呼ばれる。真核細胞になる以前に、すでにある程度は発達した膜が存在していたのだ。

他方、真核細胞が鞭毛や細胞収縮で運動したり、細胞質を内部で流動させたりするためには、微小管や微繊維といった細胞骨格が必要だ。これらの分子を最初にもっていたのは、古細菌の方だった。

細菌と古細菌は同じ程度に起源が古い。40億年前に最初の生命が誕生した後、かなり早い時期に細菌の祖先と古細菌の祖先が分岐した。このため、細菌と古細菌では、もっている分子が異なっている。

この古細菌の中に、微繊維をつくる分子アクチンや、微小管をつくる分子チューブリンをもつものがいる。そこから進化してできた私たちの神経細胞は、触手を伸ばすときにはアクチンを使い、長い胴体をつくるときにはチューブリンを使う。真核生物がDNAを巻き付ける分子はヒストンだが、このタンパク質をもつ古細菌もいる。

ところが細胞膜について組成を比較してみると、私たち真核生物の細胞膜は、祖先である古細菌の細胞膜とは似ていない。脂肪の組成を見ると、むしろ間借り人であるはずの細菌の細胞膜に近いのだ。おそらく古細菌が細菌を飲み込んだ後で、双方の遺伝子の大幅なやりとりがあって、細胞膜については細菌のものが採用されたのだろう。私たちは、古細菌と細菌とのキメラ（合成生物）なのだ。

2019年に発見されたウアブという細菌は、細菌であるにもかかわらず、身体の真ん中をドーナツのようにへこませて、まるで真核生物であるかのように食作用をする。原核生物の世界でも、40億年に及ぶ樹状分岐の末に、多様な能力が花開いてきたのだ。

6　有糸分裂によってDNAが激増した

DNAの情報について1塩基対を1文字として数えてみよう。すると、小型の細菌では100万文字にすぎないので、500ページの分厚い本2巻があれば全部納まる。もっとも本2冊分であっても、1本の線にしてみれば、相当に長い。これが真核生物になるとぐっと増えて、単細胞の酵母でも12

00万文字となり、24巻が必要だ。植物のシロイヌナズナでは260巻となる。原核生物から真核生物への移行は、遺伝情報の爆発的な増大を可能にした。ヒトになると精子や卵の片方だけで6400巻が必要であり、これが合体した受精卵や体細胞では、その倍の1万2800巻が必要となる。

原核生物と真核生物の重要な違いは染色体にある。原核生物のDNAの特徴は、2本鎖の縄梯子状のものが長く伸びて全体として環状につながっており、1本だけであることだ。これに対して真核生物は、DNAの縄梯子を何本ももっている。

環状になった1本のDNAでは、持てる量に限界がある。これに対して線状にDNAを分断しておけば、何本あっても収納できる。このため真核生物は、細胞を大きくして身体を複雑化することができるようになったのだった。

ちなみにヒトの1つの細胞がもつDNAをつないでみると、1・8mになる。ヒトは37兆個の細胞で構成されているので、全部つなげたとしたら666億kmだ。これは、なんと太陽から冥王星までの10倍以上というとんでもない距離になる。

このようなDNAの激増は、どのような仕組みで可能となったのだろうか。

それは、DNAの複製の仕方に秘密があった。原核生物の段階から見てみよう。複製時には、長い環になったDNA2本鎖のある地点に、複製装置が取りつく。複製装置は、いくつものタンパク質が集まった複合体だ。DNA2本鎖は、複製装置の中を通り抜けて動いていき、通り抜ける円状の部分のあたりで複製される。複製されたとき、最初は2本鎖ずつの2つの環になって連結している。ここに酵素（DNAトポイソメラーゼ）が働いて、切り離される。これでDNA2本鎖が、2本になった。

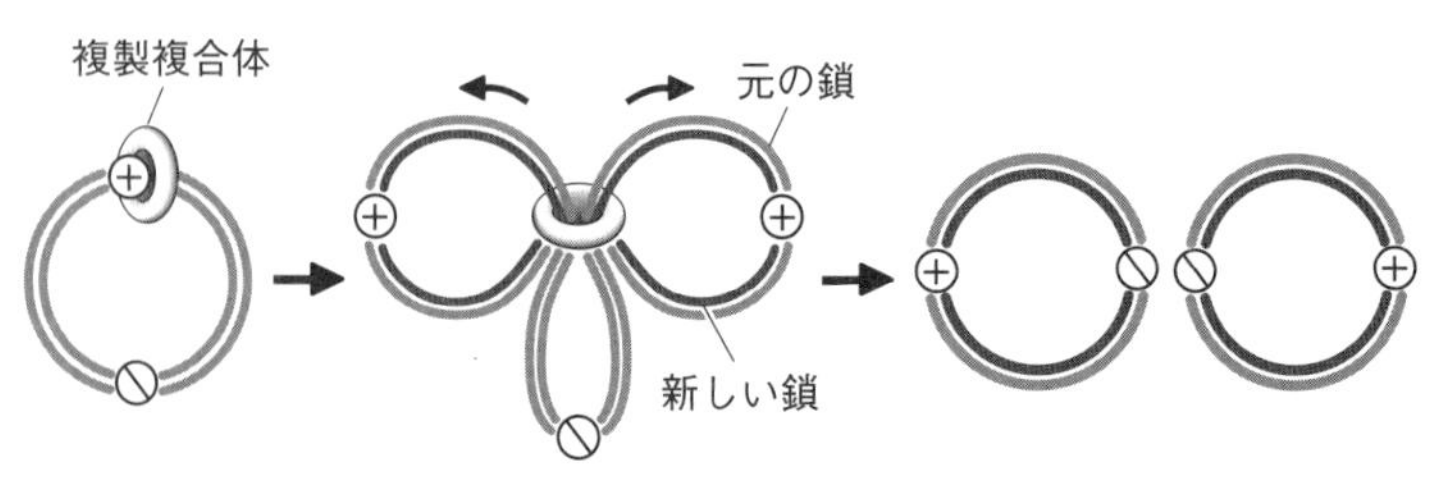

図1　原核生物のＤＮＡ複製

やがて細胞膜が陥入して中央に隔壁ができ、細胞は2つに分裂する。このように原核生物は、円環状の線だったＤＮＡを2つに分離するという1次元的な処理をしているわけだ。

これに対して真核細胞は、2次元の平面で処理をする。真核生物では、ＤＮＡの2本鎖が何本もあるので、あちこちで分配していたら、もつれて混乱してしまう。そこで複製した後に、それぞれをぐるぐる巻きにして圧縮し、荷造りする。凝縮されて見えてくるのが、染色体だ。

次にそれらを立体空間の中で、中央の平面上にぐるりと輪状に配置する。そして右と左の両端から投げ縄を投げて染色体に引っかけ、中央部から押し出すとともに、両端から引っ張る。こうすれば多数の長大なＤＮＡを、きちんと左右に分離することができる。複製した2つの染色体に左右から投げ縄をかけているので、どちらかに染色体が偏って引かれていくということはない。つまりこれは、2つの細胞に染色体を平等に分けるための「公平分配システム」なのだ。

そしてすっかり分離すると、それまで消えていた核膜が再構成されて、ＤＮＡを包み込む。最後に細胞は真ん中から分裂し、2つになっていく。「公平分配システム」があれば、染色体は何本あってもよい。その数は、生物により、種によって異なっている。この方式を開発したことによって、真核生物は、膨大なＤＮＡを複製することが可能となったのだった。

　要するに、原核生物は１次元の線上で処理し、真核生物は２次元の平面上で処理をする。このとき真核生物では両側に引っ張るための糸（投げ縄）が必要となるので、「有糸分裂」と言う。これに対して原核生物は糸を使わないので、「無糸分裂」というわけだ。

　真核生物のＤＮＡは多数にのぼるので、順番に複製していったのでは時間がかかりすぎる。そこであちこちに複製装置が取りついて、数十から数百か所で一斉に複製が開始される。必要となる分子は、投げ縄をつくるチューブリンや、染色体を動かすモータータンパク質であり、これらは原核生物の時代からあったものを転用した。

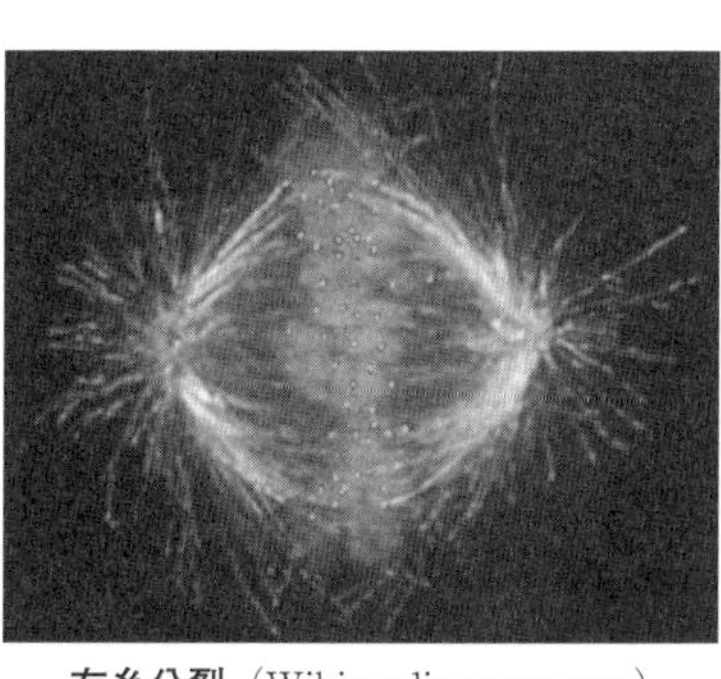
有糸分裂（Wikimedia commons）

　有糸分裂の過程を見てとりわけ驚かされるのは、投げ縄である糸（紡錘糸）の複雑な振る舞いだ。張られて、手繰り寄せられる。しかもその糸の数たるや非常に多くて、ウニの卵では４０００本だ。こんなことを細胞はどうやって実現しているのだろうか。
　投げ縄をつくる分子チューブリンの特徴は、容易に集合して長い紐になったり、容易に分解したりするということだ。投げ縄である微小管は絶えず成長と分解を繰り返しており、個々の微小管はわずか５分間しか存続しないとされる。
　投げ縄の糸は、もとはと言えば細胞の外に向かって生えていた鞭毛だった。鞭毛の付け根のところには「基底小体」という装置がある。鞭毛をつくる中心部だ。単細胞生物の種によっては、分裂するときに鞭毛を停止させて、基底小体を核のそばに近づけていく。このような事実から、最初は鞭毛をつくる装置だった基底小体が転用されて、有糸分裂の投げ縄をつくる装置になったものと考えられている。

細菌・古細菌の時代から芽生えていた膜や繊維を組み合わせて、真核細胞は核や有糸分裂を開発していった。それによって、保有するＤＮＡの量を際限なく増大させることができるようになったのである。

7　遺伝子は種から種へと飛び移る

レクチンというタンパク質を見てみよう。レクチンの語源はラテン語で「選別する」ことなのだという。このタンパク質は細菌にもあり、カビ・キノコなどの菌類にもある。動物では細胞同士が接着したり、精子が卵を認識したり、さらには白血球が病原体を認識したりする際に使われる。植物でも、細胞が凝集するときに用いられる。

レクチンは、結合部をもったタンパク質であり、他の細胞の膜にある糖タンパク質などと結合する。それによって細胞は、相手が自分と同じ種なのか異なる種なのかを認識する。生物は単細胞の時代から、レクチンを使って、仲間と敵を区別してきたのだ。

タンパク質の設計図である遺伝子には、このように原核生物ですでに開発されて、それが動植物になっても活用されているものが多数ある。たとえば、代謝化合物の酸化を触媒するタンパク質シトクロムＰ４５０を見ると、すでに樟脳を酸化する細菌が同様の酵素をもっている。

遺伝子は同じ系統の生物の中で連綿と継承されるのに加えて、原核生物の世界では、種を超えて飛び回ることがある。たとえば病原性のある大腸菌Ｏ-１５７の毒素の遺伝子は、赤痢菌から来たものだ。現在の原核生物がもつ遺伝子のうち、14％は外部から入ってきたものとされる。超高温の環境に生息する細菌となると、24％もの遺伝子が古細菌から移転してきたものだ。

遺伝子が種から種へと水平に移動するための方法は何通りもあり、そのうち最も代表的なのは、ウイルスの感染によるものだ。ウイルスは、原核生物の遺伝子の一部をつかんで外に持ち出すことがある。そして次の宿主に感染したときに、持ち出した遺伝子を宿主のＤＮＡの中に挿入することがあるのだ。

遺伝子の移動は原核生物同士だけでなく、まれには真核生物でも起こることが分かってきた。たとえばある種のゾウムシのゲノム（全遺伝情報）には、共生細菌ボルバキアの遺伝子から来たものが含まれている。一部のシロアリに見られるセルロース分解酵素は、スピロヘータ細菌から来たものだ。またホヤのゲノムには、植物の細胞壁をつくるセルロースの遺伝子が含まれる。植物は、病原菌アグロバクテリウムから遺伝子を注入されると、こぶのように形態を変化させる。

私たちの身体でさえ、細菌から来た遺伝子が何百と存在している。ヒトが血液凝固に使っている酵素（セリンプロテアーゼ）と似たタンパク質は、カビにもあって、細菌から移動して来たものと考えられる。脳の中で働いている酵素にも、細菌から遺伝子が移転してきたものがある。また哺乳類の胎盤がつくられるときに働く遺伝子*PEG10*は、ウイルスから移転してきたものだったのである。

　このように原核生物の時代からあったシステムが、組み合わさったり改良されたりして、真核生物は階層を上がり、驚異的に多彩な形態へと進化したのだった。

第3章 厳しい冬が生物を進化させた——無性生殖から有性生殖へ

1 求愛行動に見るオスとメス

何億年もの時間をかけて発達してきた動物の求愛行動というものは、形態と同じように多彩で面白い。それは摂食と同様に、生殖が切実なものだからだ。

鳥のニワシドリの求愛行動を見てみよう。ニワシドリのオスは、材料を集めて立派な東屋をつくり、メスにアピールする。集めてくるものは、カタツムリの殻、木の葉、花、小石、プラスチックのかけら、殺した甲虫から鳥の羽根にまで及び、色とりどりの装飾的な東屋ができる。その上で、ギューギューギューまたはキュキュキュキュと歌いながら、飾りを口にくわえてダンスする。若いメスは飾りの多い東屋に惹かれるものの、オスのダンスがあまり激しいと敬遠する。2年から3年の経験があるメスは、まず飾りに注目するものの、交尾にまで至るかどうかはオスのダンスの巧みさを見て判断する。

ニワシドリによっては、石や骨を置くときに、入口近くに小さいもの、奥に行くほど大きいものを並べ、東屋にいるメスから見たとき、外にいるオスが立派に見えるようにするものもいる。

アホウドリは、最長で60年も生きる。求愛のダンスには、鳴く、羽毛に対して見る、指し示す、つつくといった行動が盛り込まれている。若いアホウドリは、毎年交尾期になると、異なる多数のパートナーとダンスをする。しかし年々パートナーの数は減ってきて、3~4年経つと1つの相手に絞られる。その後は、つがいとなったオスとメスは、何年も1対1で自分たちだけの言葉で歌い、特別のダンスを踊る。

無脊椎動物も負けていない。アメリカアオリイカは、色素胞で光を反射しながら、体色を変化させてコミュニケーションする。オスはメスに向かっている面の側の皮膚で、白い縞模様をつくって交尾を誘う。そして逆の面の皮膚で、他のオスに対して「あっちへ行け」と威嚇する。メスが暗色の縞模様をつくって返事をしたときは、残念ながら「交尾したくない」という合図である。

節足動物でも、求愛行動は高度に発達した。カニのシオマネキは、体重の3分の1もある大きなハサミを振って、メスの気を引くためのダンスをする。ライバルがいると、ハサミで腕相撲をして争う。クモのオスは、うっかりメスに近づくと食べられてしまう。このため「これは求愛行動なのだ」というサインを送らなければならない。ニワオニグモは、オスがクモの巣をかき鳴らしてリズムをつくる。コモリグモやハエトリグモは眼が良いので、オスは上手にダンスを踊る。マツガエウズグモの場合は、交尾の後、オスは前脚を使って勢いよく飛びのく。その速さは、1秒間に88cm以上にもなる。この飛びのきができないと、交尾の後、メスに食べられてしまう。コモリグモのオスは、餌を包んだものをメスに差し出し、メスは承諾する場合には、巣を揺らす。

昆虫にも、プレゼントする習性のものがいる。シリアゲムシは、なるべく大きな餌をメスに贈呈しなければならない。オスがたくさんいるときには、メスは大きな贈呈をするオスしか相手にしない。メスは自分が狩りをしたときは小さな餌でも食べるのに、オスが小さな餌を差し出しても捨ててしまう。交尾時間は餌の大きさに比例し、オスは7分以上交尾をしたいのであれば、20㎟以上の餌を贈呈しなければならない。

ミヤマカワトンボは、オスの交尾器に突起がある。メスが事前に別のオスと交尾していると、オスは突起を使って、前のオスの精包（精子の入った袋）を掻き出してしまう。逆にハッチョウトンボのオスは、他のオスの精包がある場合、メスの生殖器の奥深くに押し込む。トンボでは、入口近くにある精包が受精に使われるからだ。

オスとメスをめぐる悲喜劇は、生物の種に応じて限りなく多彩だ。しかしなぜこの世には、男と女、オスとメスがいるのだろう。

2　染色体が2セットで2倍体になる

細菌・古細菌には、オスやメスはいない。無性生殖であって、2分裂で増えていくだけだ。真核生物でも、すべてにオスとメスがあるわけではない。たとえばアメーバ、ミドリムシや寄生生物のトリパノソーマなどには、オスとメスがない。彼らの増殖の仕方は、2分裂する無性生殖だけだ。

ところが同じ単細胞生物でも、ゾウリムシにはオスとメスがいる。通常のときには、２分裂して無性生殖によって増殖しているものの、ある時期が来ると細胞は有性生殖をしたい衝動に駆られる。そこで自分とはタイプの異なる異性を探して接合し、小核同士を交換して有性生殖をする。

無性生殖だけで増殖する生物は、染色体を１セットだけもっている。これを「１倍体」と言う。これに対してオスとメスがいて有性生殖をする生物は、染色体を２セットずつもっている。これを「２倍体」と言う。

私たちの身体で言えば、精子や卵は染色体を１セットだけもっている１倍体だ。１倍体の精子と１倍体の卵が合体して、２倍体の受精卵となる。そこから２倍体の身体づくりが始まる。したがって、私たちの通常の体細胞は２倍体だ。

ややこしいことに、１本の染色体を構成しているＤＮＡの鎖というものは、２本鎖である。ＤＮＡは縄梯子のように２本の線が相対したものが、ぐるぐる巻きになっている。つまり染色体１本だけの１倍体でも、２本鎖をもっている。大切なものなので、１本が壊れたときもう１本から修復することができるように保険をかけているのだ。

そのぐるぐる巻きとなった縄梯子は、前章で見たように、真核生物となると何本にも分断されていた。しかしその時点では染色体は何本あろうとも、１セットだけだ。

ところが「２倍体」となると、その染色体をもう１セットずつもつことになる。私たちヒトで言えば、染色体は１セット23本であり、２セットで46本だ。染色体が１セットだけでも完璧なのに、それをあえて２セットずつもっている。これもまた保険なのだ。保険が入れ子構造になっている。

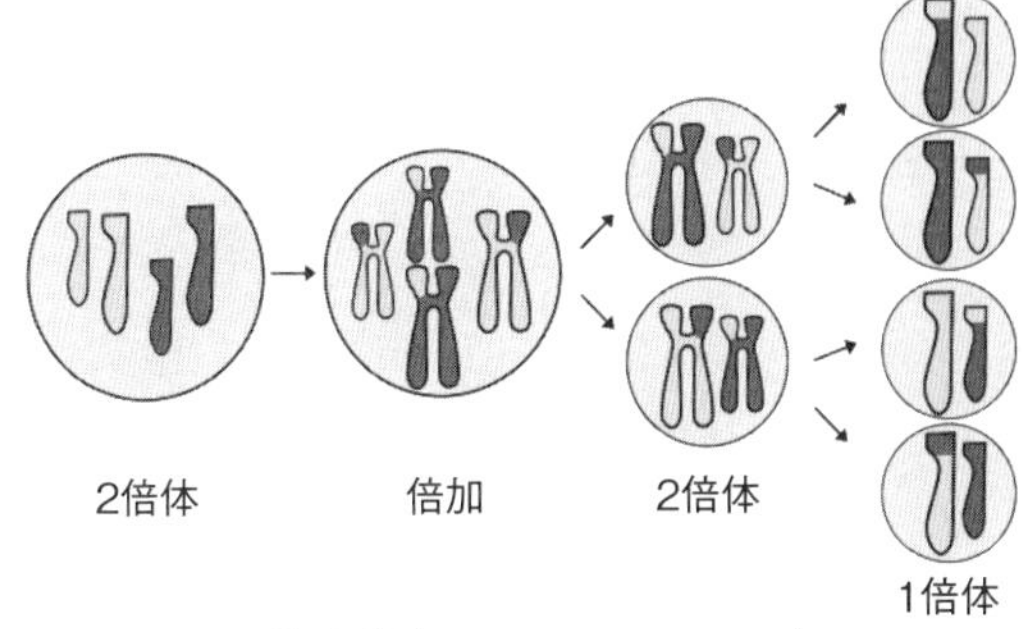

減数分裂（Wikimedia commons）

2倍体の細胞が分裂するときには、複雑なことになる。2セットずつある染色体をあらかじめ倍増させ、4セットずつにしておく。ヒトなら全部で92本だ。それがぐるりと輪になって平面上に並ぶ。そして2本ずつのペアに投げ縄が引っかけられ、46本ずつ両極に引かれていく。染色体が1セットだったときに用いた「公平分配システム」を、2セットの染色体に応用した。これが2倍体細胞の分裂だ。

ところが生殖細胞となると、さらに複雑なことになる。2段階の公平分配をすることによって、1匹が4匹になるのだ。2セットの染色体を倍増して4セット（92本）にし、それを「公平分配システム」によって2セット（46本）ずつの2匹に分けるところまでは同じだ。しかし精子や卵は、染色体1セット（23本）だけの1倍体だ。そこでもう1回「公平分配システム」を使って、2セットから1セットずつに分ける。これで4匹ができる。

この分裂を「減数分裂」と言うのは、染色体の数が2セットから1セットに減少するからだ。しかし細胞は、いったいなぜこれほどまでに複雑なことをするのだろうか。

3　1倍体の緊急避難で2倍体ができた

単細胞の真核生物クラミドモナスは、通常は1倍体の身体だ。アメーバと同じで、体内に栄養を蓄えると2分裂して増えていく。鞭毛を使って泳ぎまわるし、葉緑体があって光合成ができるので、1匹だけで何の不自由もない。ここまでは、無性生殖である。

ところが気温が低くなって活動が鈍くなってくると、2匹がぴったりと接合しあう。タンパク質をつくるのに必要な窒素分がない環境に置かれた場合や、乾燥して水分がなくなった場合にも接合する。合体して1つの2倍体になったのだ。そして殻をかぶって休眠する。アオミドロや酵母でも、同様のことが起こる。1匹だけでつくることのできるタンパク質には限界があるので、2匹でそれぞれのタンパク質を持ち寄って、厳しい時期を乗り切ろうとしているのだ。やがて環境が改善すると、減数分裂をして4匹の1倍体になり、殻を破って出てくる。

クラミドモナスにも、種によってはメスのように大型のものと、オスのように小型のものがある。接合するときは、自分とは違うタイプの相手を見分けて選択する。

これはたとえて言えば、男女の結婚に似ている。1人1人が独自に暮らしていると、それぞれに家具も必要だし、コストもかかる。2人が結婚すれば、小さな収入でも共通部分ができるので、なんとか暮らしていける。部屋も1つでよい。

しかし接合は、結婚と同様にすべて成功するわけではなくて、一種の賭けでもある。ゾウリムシは接合しても、3割が死んでしまう。また5割のものは、5回分裂するうちに死ぬ。残りの2割だけが生き残って、子孫をつないでいくことができるのだ。

男と女。有性生殖。これは十数億年前に単細胞だった祖先たちが、苦し紛れに接合したことから始まったと考えられる。最初は身体の大きな方が、小さい方を食べようとしたのかもしれない。飢餓になった単細胞生物は、しばしば同種の他個体を食べる。ある意味で、共食いである。しかし取り込まれた生物の方は、消化されて消えてしまわなかった。なんとか消化されまいともがきにもがいてがんばり、2つの生物が共に生き残った。その具合が良かったので、めでたく合体して、1つの生物になったのだ。

有性生殖の起源には、まだ確たる定説はない。しかしこの「共食い説」の可能性が高いと考えられる。それによれば、2倍体生物は、厳しい冬などの悪環境を乗り切るための緊急用の身体として開発されたのだ。使わない方の染色体は、保険と言ってもよいし、余剰分の貯蓄と言ってもよい。2つが合体して、丈夫な身体となって冬を乗り切る。厳しい冬のような悪環境が、生物を進化させたのだ。

しかし2倍体の身体は、あくまでも非常時の緊急避難用である。春が来て条件がよくなれば、再び別れて元の自由な生活様式に戻りたい。染色体の「公平分配システム」は、1倍体のときにすでにできていた。この方式を今度は2倍体が分離するときに使った。これが、減数分裂の起源である。したがって最初の減数分裂は、合体したものを分離するだけの1段階だけで済んだはずだ。現在でも原始的な単細胞生物の中には、1段階の減数分裂をするものがいる。

冬の間は結婚しているが、春になると離婚してまた自由な独身生活に戻っていくようなものだ。しかしなぜすぐに離婚しなければならないのか。丈夫な身体が有利だというなら、結婚したままでもよいではないか。そこで合体したままで、それを1つの単位として暮らしていこうとするものが出てきた。

2倍体になっておけば身体は丈夫だし、保険も貯蓄もできるので何かと都合がよい。このため私たちの身体のように、2倍体のままで暮らすライフスタイルが増えた。

ところが、有性生殖で次世代を残すときだけは、2倍体のままというわけにはいかない。必ず1倍体に戻るのだ。生物界を見渡すと、有性生殖する生物は一生の中で、必ず1倍体の時期と2倍体の時期を繰り返す。

植物は上陸した後に、2倍体でいる時期を延長していった。厳寒の冬ばかりが厳しいのではない。水のない陸上は、同じように厳しい環境だったのだろう。

水中にいる藻類のシャジクモは1倍体の多細胞体である。受精卵だけは2倍体だが、受精卵で越冬して春になると減数分裂して、1倍体になってから身体づくりをする。最初に陸に進出したコケ類も、まだ1倍体が主体である。大きな1倍体の身体の上に、有性生殖するための小さな2倍体が、ちょこんと寄生している。しかしコケ類から進化して陸上で光を求めて立ち上がったシダ類は、2倍体を巨大化して、むしろ本体とする選択をした。そして葉の裏側に1倍体の胞子を生み出す小さな器官をつくる。種子植物はさらにその傾向を強め、ほとんどの時期を2倍体で過ごすようになった。そして、花粉やメシベの胚嚢（はいのう）になるほんの短い時期だけを1倍体とした。

一方動物では、水中にいた非常に古い時期から、通常のときは2倍体の身体でいることを選択した。最も早い時期に登場したカイメンやクラゲも、すでに身体は2倍体だ。そして、精子と卵として放出される短い期間だけ1倍体に戻るのである。

多細胞動物のアリマキやワムシは2倍体の身体だが、動物としては例外的に、ふだんは有性生殖しないで、2分裂の無性生殖で増殖している。しかし寒くなってくると、1倍体の精子や卵をつくり、合体して2倍体の受精卵になって冬を乗り切るのである。

4　有性生殖は無駄が多いが多様化できる

しかしそれでは、なぜ2倍体はわざわざ複雑な減数分裂をしてまで1倍体に戻らなければならないのだろうか。2倍体が丈夫な身体だというなら、2倍体のままで増殖して地に充ちていけばよいのではないだろうか。

2倍体の生物が生涯のある時期、なぜ必ず1倍体に戻るのかついても、定説はない。しかし私は、ここでもまた「人生には厳しい冬がある」ということだと考える。

2倍体が丈夫な身体だとはいっても、それでも乗り切れないほどの厳しい環境が訪れることはある。そのとき生物は、最小の単位にまで戻ってやり過ごそうとするのではないだろうか。小さな身体であれば、少ない栄養分でも生きていける。身体にもっている資源が少なくても、休眠することができる。

6600万年前に巨大隕石と巨大火山噴火が同時期に地球を襲ったとき、体重25kg以上の陸上動物は、ほとんどすべて死に絶えた。身体の大きかった恐竜は絶滅したが、身体が小さかった鳥や哺乳類は生き延びた。また単細胞のケイソウ類は深海に沈んで休眠し、ほぼ無傷で乗り切った。身体が小さければ、過酷な環境でも生き延びやすいのだ。また、減数分裂をして1個体から4個体になっておけば、どれかが生き延びる確率も高まるというものだ。

一般の動植物では、繁殖に当たって、精子と卵という最小の単位にまで戻る。そして合体して遺伝子を出し合い、厳しい環境を乗り切ろうとする。これらは単細胞生物の時代に祖先が接合していたのと似た乗り切り方であり、それを私たち動植物は、ずっと踏襲しているのではないだろうか。

やがて役割分担ができて、身体の大きな方は卵となり、栄養分を溜め込んだ。卵は通常の体細胞に比べて極端に栄養を溜め込み、直径で数十倍から数千倍にもなる。

一方で身体の小さい方は、卵を見つけて合体するための運動能力を発達させて、精子となった。精子は遺伝子以外には、溜め込んだものがあまりない。運動するための鞭毛を動かすエネルギーも、片道切符分だけしかもっていない。まるで特攻隊のようだが、ただしこれは、生き延びるための片道切符である。

有性生殖はこの世に登場してみると、メリットが大きかった。まず染色体を2セットもっているので、一方が損傷した場合でも、もう一方を使って修復することができる。また何度も分裂増殖していると、遺伝子にコピーミスが生じて有害な遺伝子が蓄積してしまうことがある。そのようなときでも、いったん1倍体に戻って他の1倍体と合体すれば、その過程で有害遺伝子を捨てることができる。さらにまさかのときには、余剰として蓄えてあるＤＮＡを分解して、食材にしてしまうことさえできるのだ。

有性生殖にはデメリットも大きい。何よりもオスとメスをわざわざつくらなければならない。それに加えて、オスとメスが出会わなければ増殖ができない。無性生殖であれば自分だけで分裂してどんどん増殖することができるので、効率的だ。

たとえば、私たちも胸の中心部のあたりからめりめりと左右に分かれて行って、２人の人間になるとする。栄養をどんどん取っていけば、同じ人間のクローンが次々とできる。恋愛のようなエネルギーを使う必要もないし、子育てもいらない。のんびりと有性生殖をしている人間を置き去りにして、どんどん増える。ひとり勝ちである。

実際、私たちが大好きな白く可憐な桜ソメイヨシノをはじめ多くの園芸植物は、こんな風に無性生殖だけで増えている。花粉をつくるのに大量のエネルギーを使わなくてよいので、その分だけ立派な花や果実をつくることができる。バナナやかんきつ類などで、有性生殖しない３倍体のものが栽培されているのは、彼らが特殊能力を発達させたクローン集団だからだ。

しかしクローン集団には多様性がない。たとえばクローン人間の集団は、全員が容姿端麗かもしれない。しかし戦闘には弱く、あるいは頭が悪いかもしれない。そうなると社会は、早晩行き詰まる。そして何らかの天変地異が起こったとき、容姿端麗のクローン集団は右往左往するばかりで、一挙に絶滅してしまうのだ。

被子植物の70％以上は、オシベとメシベをもつ両性花だ。その中には自家受粉することのできる種も多い。自家受粉すると、遺伝子は親と同じとなるので、子供の遺伝的な多様性は低い。こうした種は短期的には繁栄するものの、長い歴史の中ではやがて絶滅することが多い。私たちの身の回りで見られるシロイヌナズナなどは自家受粉種であり、こうした歴史的過程の途中にあるわけだ。

これに対して有性生殖する種が有利だったのは、異なる遺伝子が混じりあうために個体に多様性をもたらしたことだった。染色体の公平分配システムを使うときも、トランプをシャッフルするようにいったん混ぜてから配分すれば、さらに多様になる。

2セットめの染色体は備蓄なので、突然変異をこちらに溜め込んでおいてもよい。溜め込んで眠らせておいて、まさかのときに使ってみるという手もある。個体ごとに得意・不得意があり、集団には様々な能力を発揮するものがいるようになる。とりわけ病原体は変異するスピードが速いので、多様な遺伝子をもっていることは、病原体による危機に瀕したときに強みとなる。

有性生殖する種は、短期的にはクローン集団よりも繁殖力が劣る。しかし長期的には、生き残る可能性が高い。有性生殖する生物は1つ階層を上がり、生物界にオスとメスが生まれて、生物たちは百花繚乱の観を呈するようになったのである。

第4章 多細胞化は繰り返し何度も起こった
――単細胞生物から多細胞生物へ

森の池。雨上がりの森。アジサイが水面に映る。池の底から落葉を取って、その小片を顕微鏡で見てみると、まわりの水は、泳ぐ単細胞プランクトンの楽園だ。

何種類もの繊毛虫がいて、流線形の細長い身体だが、少し回転すると球に近い平べったくて葉っぱのような形になる。水中をくるくると旋回しながらあちこちに行く。まるで盲目的に動き回っているかのようだが、その実は餌のありかを求めて模索しているのだ。

少し緑色をしたものは葉緑体をもっていて、光を求めてあてどもなくさまよう。小さな繊毛虫は、透明で丸い身体だ。もっと大きなゾウリムシ状のものや小さくて素早く画面を泳ぎ去るものもいる。ケイソウはあたり一面をびっしりと覆い、微小なガラスの箱に包まれてじっとしている。大きな黒い繊毛虫はじっとしていたが、くるくる回って葉の下に泳ぎ去ってしまった。

ほんの1滴の水の中には、何百、何千にものぼるおびただしい数のプランクトンがひしめきあっている。底泥の水の中には、いったいどれほどの単細胞プランクトンが潜んでいるのだろう。池全体となると、とんでもなく莫大な個体数になるはずだ。

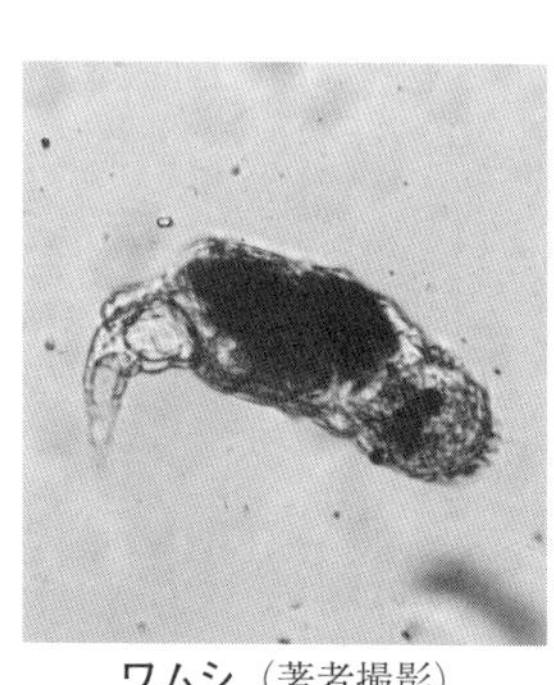

ワムシ（著者撮影）

そして、巨大な多細胞動物のワムシやセンチュウが現れて、ぴんぴんと収縮してみせる。彼らは微小な生物たちを次々と飲み込んで行く獰猛な怪物だ。単細胞プランクトンたちは、楽園という言葉しか思いつかないほど自由そうに見えるが、しかしその楽園には怪物のような多細胞動物がいる。そしてさらに巨大な怪物である小魚たちがそれを食べる。その小魚を狙って、もっと巨大な怪獣とも言うべき水鳥たちがやってくるのである。

1　細胞間を連絡して多細胞化

原核生物の合体（共生）によって真核生物ができ、次に1倍体の真核生物の合体（接合）によって2倍体の生物ができた。しかしここまでのところでは、単細胞のままだ。生物のさらなる発展段階は、「多細胞化」であった。

2倍体は、2人で結婚して家庭という単位をつくるようなものだった。そのたとえの延長上で言えば、多細胞生物というのは、家庭が集合してできたマンションのようなものだ。もっとも、マンションのそれぞれの家には役割分担があって、マンション全体が統一的に機能するようになっている。何しろ家ごとの壁に穴が開いていて、連絡しあうようになっているのだ。

多細胞生物の起源は、群体になっていた単細胞生物たちがやがて1つに統率され、付着したままになったことにあるものと考えられる。細胞質同士が完全には切れてしまわなかったことによって、架橋ができた。しかし、多細胞になってみると、メリットがあった。何よりも、単細胞生物が生殖活動をしている最中は運動ができないので、捕食者に襲われても逃げることができない。ところが多細胞であれば、ある細胞は生殖に専念し、他の細胞は鞭毛を生やして逃げることに専念できる。発達すると栄養活動そのものも分業できて、消化器官・運動器官・感覚器官という具合に、さらに専門分化させることができたのだった。

このような契機によって、多細胞化は生物の様々な系統で、何度も独立に生じた。一度だけ単細胞生物が多細胞化すれば、その子孫からは多様な多細胞生物が進化しうる。しかし多細胞化が生じた回数は、動物、植物、カビ・キノコ、褐藻など独立に16回にのぼったとされる。たとえばアメーバの系統でも、「細胞性粘菌」が出現していて、ふだん単細胞で活動しているが、食料が枯渇すると集合して多細胞体になる。

またコンブ、ワカメなどの褐藻は、植物の系統とは別の系統であって、ケイソウなどの属するグループの中で多細胞化した。植物の系統の中だけでも、多細胞化は何度も起こった。たとえば100０～3０００個の細胞からなるボルボックスは、単細胞のクラミドモナスから多細胞化してできた生物だ。多細胞化したのはわずか7５００万年前と、比較的最近のことなのである。

2倍体の身体をつくるよりも以前に、1倍体のままで多細胞になっているものもいるので、ちょっと見ておこう。いわば、結婚しない単身世帯用のワンルーム・マンションのようなものだ。植物系統のアサクサノリやゼニゴケでは、1倍体が多細胞体となり、長く連なって糸のようになり、それが束になって膜のような広がりをもつ。

しかし1倍体は、それ以上に複雑なものになることはできない。とりわけ、細胞と細胞の間に架橋のトンネルをつくることがない。このためそれぞれの細胞が専門分化することはなく、複雑な分業をすることはできない。多細胞のゼニゴケには、地面に付着する糸を出す細胞があるものの、細胞間に連絡はない。すべての細胞が同じように光合成をして、同じように栄養を得ているのだ。

多細胞生物が機能分化していくためには、細胞の間で連絡しあって役割分担ができなければならない。たとえば陸上植物の根の細胞は、地中深く掘って行くので光合成ができない。仲間の細胞から糖質をもらえるという保証がなければ、自分だけ真っ暗闇の地下を掘り進む気にはならないだろう。逆に光合成を懸命に行う葉の細胞は、根から水を送ってもらわなければ、しおれて枯れてしまう。

多細胞生物になるためには、このように仲間の細胞との信頼関係が重要であり、そのためには細胞間の連絡が必要となる。動物でも事情は同じだ。クラゲの傘の内側にいる細胞たちは、食物を分解して消化し栄養分を取り込む。しかし内側の細胞たちがその栄養分を独り占めしてしまったのでは、外側で運動や感覚をしている細胞たちは飢えてしまう。運動や感覚をする細胞が内側の細胞を信頼して、獲った獲物を引き渡すためには、細胞間の連絡が必要だ。2倍体の細胞には、それができる。

こうした連絡のため、植物細胞では固い細胞壁を貫いてがっちりとしたトンネルをつくり、細胞質をつなげた。ここを通じて細胞間で絶えず体液を循環させ、分子情報を共有する。このトンネルは「原形質連絡」と呼ばれ、直径が20~30 nmと太いために、小型のタンパク質でも通過できる。

植物の細胞集団では、一番先端にある若い細胞の細胞壁が柔らかくなっていて、その方向に分裂して増える。上へ上へ、あるいは下へ下へと分裂して伸びていくのが基本だ。植物はこのように直線状の体制が束になったものだ。根と茎と葉は、1本の線でつながる。そしてときおり先端の細胞が左右に分裂することによって、横方向に張り出す。植物は細胞でつくった1次元的な直線が、樹状分岐して役割分担した社会なのである。

動物の細胞集団は、各種の結合装置を使って縦にも横にもつながり、1枚のシートになろうとする。植物のように1次元の直線ではなくて、2次元の平面だ。しかもこのシートには、端がない。端がないために細胞集団は袋となり、出口のない中空の球となる。細胞間の連絡用には、コネキシンという特殊なタンパク質によって直径1・5nm程度という極めて小さなトンネルをつくった。これを「ギャップ結合」と言い、細胞表面に多ければ数百も形成されて、表面積の25％までを占める。

動物が形態を形成していく上で、出口のない中空の袋になることは、多細胞体としての出発点である。それまでは、いわば単細胞生物の集合体にすぎない。しかし中空の球になることによって、細胞たちは一定の空間を囲み、「ここから外側は外界であり、ここから内側は自分の身体だ」という具合に合意する。そしてこの中空の球を長く伸ばしたり折りたたんだりしながら、だんだんと複雑な身体をつくっていくのだ。

植物は直線状の細胞集団が束になったもの、動物は中空の球のシートが変形したものだ。そう思って見てみると、外の景色も違ったものとして見えてくる。街路樹も山々に鬱蒼と茂る木々も、ひたすら直線状に伸びるストローのような単位が束になったものだ。そしてその間を飛んでいく小鳥も、木々の葉の上にいる昆虫も、1つの出口のない袋が迷路のように折りたたまれたものなのである。

2 多細胞動物は袋になって巨大化した

球状になった袋から、どうやって私たちの体形をつくったらよいかを考えてみよう。まず左右対称の形にするためには、球を細長く縦に伸ばさなければならない。すると形は円筒状になっていく。次に、円筒のあちこちに芽をつくらなければならない。芽が育って手足になる。

動物の胚（胎児）では、こうした手足の芽ができるよりももっと早い時期に、内部で重要なことが起こる。肛門から口まで貫いて1本の管ができて、消化管のもとになるのだ。腸の原型なので、これを「原腸」と呼ぶ。2次元の球面だった1枚のシートが、内側にめり込んできて、このとき初めて3次元の構造になるわけだ。

原腸は、空洞になった円筒だ。やがてその空洞側でなく、体内側に向かって芽が出る。芽はあちこちにできて伸びていき、肝臓・膵臓や肺などの器官となる。これら器官やそれを包む体表は、最初にできた1層の袋が折りたたまれてできたものだ。折りたたむだけでは無理があるので、陥没した部分から遊走してばらばらと落ちていく細胞群がある。これが体表と消化管の間をつなぐ組織をつくる。そのばらばらになった細胞たちも手をつなぎ、身体の奥側でまた袋をつくって、それを折りたたんでいく。

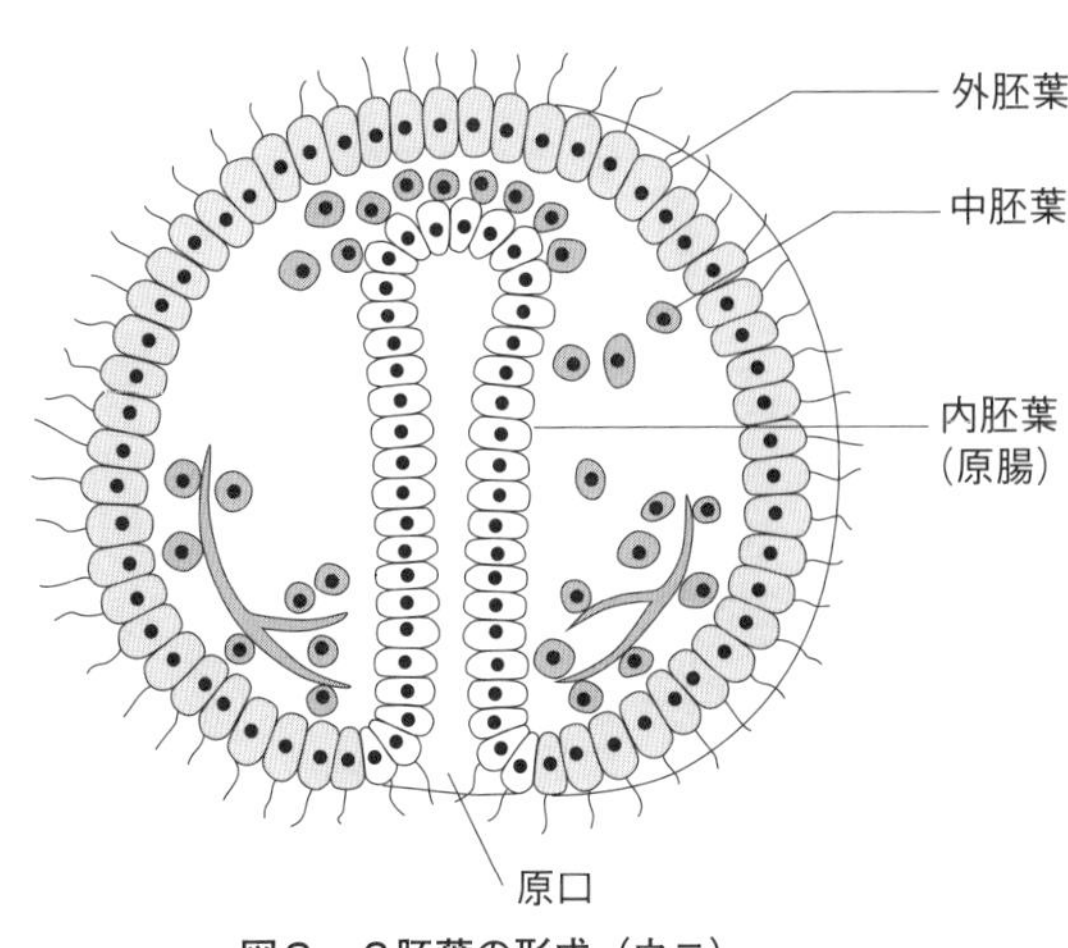

図２　3胚葉の形成（ウニ）

つまり出口のない球状の袋をつくってから、折り紙のように内側に折りたたんでいくというのが基本である。そして袋のあちこちから芽が出て、それがまた別の袋に育っていく。袋を何重にもつくっていくということが、動物の身体づくりなのだ。

身体が3層になったとき、それを3胚葉の区分として見てみよう。まず最初の袋の外側に面した層が、「外胚葉」だ。外胚葉は外界と接触する役目を果たす。そこから表皮や神経系ができて、やがて感覚器が派生する。最初の袋の内側にある層で、外側から陥没してできた原腸が、「内胚葉」である。そこから消化管やその派生器官ができて、その空洞の中に外界の空間を抱え込む。そして外胚葉と内胚葉の隙間を埋めるのが「中胚葉」であり、筋肉・骨・血管などに発達する。中胚葉は間を埋める役割に加えて、外界への排出という役割も担っていて、腎臓や生殖器も中胚葉からできてくる。

原腸ができた頃、外胚葉、内胚葉、中胚葉の細胞をばらばらにしてやると、再び集合して並び変わったり、接着し直したりしながら、やがて再び完全な元の胚に戻る。これは、胚葉の細胞ごとに、運動速度と結合の度合いが異なるためだ。個々の細胞は、膜の糖タンパク質を認識して、仲間と結合しあう。外胚葉の細胞は、急いで外に出ようとし、海水に触れたところで停止する。内胚葉の細胞は、ゆったりと構えていて、外に出そうになると奥の方に戻ってきて手をつなぐ。中胚葉の細胞は強く集合しようとしないので、自然に中間に挟まれる。

このようにして多細胞動物は機能分化したが、それだけでなく巨大化した。センチュウは1㎜ほどの大きさだが、カンブリア紀のアノマロカリスはすでに約40㎝もの大きさがある。体長だけでも約400倍だ。細菌やツリガネムシなど巨大化しないままの生物も多いのに、なぜ巨大化する必要があるのだろうか。

多細胞生物が巨大化するのは、第1に、身体が大きい方が外敵からの防御がしやすいからだ。小さな外敵には飲み込まれるおそれがなくなる。また、戦ったり逃げたりする筋力や武器も発達させることができる。第2に、栄養摂取がしやすくなる。身体が大きくなれば、大きな食料をまとめて飲み込むことができる。また、熱を体内に保ちやすい。植物であれば、光合成するための場所取り競争が有利となる。第3に、生殖がしやすくなる。身体が大きい方が異性を見つけやすいし、感覚や生殖器も発達させることができる。要因は、防御・栄養・生殖の3つである。生物が変化するときの要因というのは、基本的にこのいずれかによるものだ。

それでは身体を大きくするにはどうしたらよいのだろうか。もちろん細胞の数を増やせばよいが、それればかりではない。植物細胞は液胞の中に液体を溜め込んで、細胞の体積を50倍まで拡大する。伸びる方向は、細胞壁のセルロース繊維の方向で決まる。一方、動物細胞は、分泌したコラーゲンやプロテオグリカンなどの化学分子を組み合わせてマットをつくり、細胞の隙間を埋める。それに加えて動物たちが一段優れた手法を開発したのは、中胚葉の一部の細胞集団がシートとなり、中空の袋となって水を貯めこむことだった。「体腔」である。

魚の開きを見ると、骨のまわりに筋肉がついていて、その間の腹部のあたりに、空洞がぽっかりと空いている。ここには様々な内臓が収まっていて、膜に包まれている。これが体腔だ。

扁平な身体つきのプラナリアには体腔がなくて、細胞がみっちりとした塊になっているだけだ。体腔のない動物は、高さ5㎜程度までだとされる。これに対して体腔を発達させれば、どれほど大きくなってもよいし、体腔の中で心臓を鼓動させたり、腸を蠕動させるなど、臓器を自在に動かすことができる。体腔をもった動物は、ミリの単位を突破して、ネズミのような数㎝程度の大きさとなった。そしてさらにはクジラや恐竜のように、数十mという身体にまで巨大化することが可能となったのである。

3　植物は体液共有、動物では神経系が登場

単細胞の真核生物が登場したのは、約20億年前頃と考えられている。グリパニアという化石が出ており、これは約18・5億年前のものだ。微小な細胞の中に核と小器官が見られる。動物と植物の祖先

は少し後になって別れて行き、動物の祖先は精子のように鞭毛を1本だけもっていた。これに対して植物の祖先は、鞭毛を2本もつグループに属していた。この2つのグループはさらに様々なグループに樹状分岐していく。

植物は細胞壁をもっていて、内部の葉緑体や細胞質をがっちりと保護した。その性質のために通常のときには鞭毛を捨てて、石垣のように積み重なっていく細胞社会を構築した。1次元的な直線の石垣体制である。一方で動物の祖先は、1本だけの鞭毛を打ち振りながら泳ぎまわったり、アメーバのように這いまわったりした。捕食という性質の延長で、多細胞動物になると、2次元的な平面で袋の体制をつくった。獲物を捕まえて空洞の中に放り込み、消化酵素を浴びせかけて細胞集団が協調しながら分解するようになったのである。

植物の石垣体制では、細胞間の情報伝達はそれほど迅速なものでなくてよい。そこで植物の多細胞社会では、水の流れを使って体液を共有することがもっぱらとなった。植物がゆっくりと方向を変えたり花開いたりするのは、体液に含まれる植物ホルモンの働きによる。オーキシンなど植物ホルモンは、濃度によって立体的なネットワークになっていて、遺伝子の読み取りの抑制や促進を細胞に指示している。

これに対して動物は、捕食のために迅速な情報伝達が必要である。感覚・運動・消化に分業した組織がばらばらに行動していたのでは、捕食に失敗してしまう。このため動物ではホルモンなどの体液共有に加えて、神経細胞という専門家集団による迅速な信号伝達を発達させた。神経細胞は信号伝達役に徹するために、身体を極端にまで細長く伸長させた。やがて神経細胞の集団は、縦横につながる網目となって調整役となり、それが集積して、全身を統合する司令塔・脳になっていったのである。

4　単細胞時代の遺伝子が多細胞で利用された

動物の祖先だった単細胞生物は、現在のエリ鞭毛虫に近い姿だったと考えられる。エリ鞭毛虫は1本だけの鞭毛を打ち振って水流をつくり、食物を取り込む。そして何匹かが群体になって岩などに付着して暮らしている。10億年前頃に現れたエリ鞭毛虫の祖先は、すでに多細胞動物にとって必要なタンパク質をもっていた。細胞を接着するのに必要なタンパク質（カドヘリン）や、細胞間で信号をやりとりするときの分子（C型レクチン）をもっている。また細胞が外界変化に応答するために信号伝達する分子（チロシンキナーゼ）ももつ。チロシンキナーゼを働かなくすると、運動には変化がないものの、分裂頻度が低下する。単細胞の時代に、すでに多細胞動物で使う遺伝子やタンパク質の多くのものが登場していたのだ。

動物で最も原始的なカイメンとなると、これらの遺伝子はさらに発達する。カイメンの細胞はいくつかの種類に専門分化しているが、細胞間の結合はゆるく、器官にはならない。外胚葉・内胚葉といった区別もない。しかしカイメンはすでに信号伝達に関与する分子や、後の動物が複雑な体制づくりのために使うホメオボックス遺伝子など、多重遺伝子ファミリーの多くをもっている。

ヒドラやイソギンチャクなど刺胞動物になると、βカテニンという分子が登場する。これは、ヒドラの口の部分やイソギンチャクの上部を決めるのに用いられる。センチュウのような左右対称動物となると、βカテニンは他の分子と相互作用しながら、身体の軸を決めるときに働く。

真核生物が進化する過程で、遺伝子やタンパク質もまた樹状分岐した。遺伝子を複製する過程で、2倍体がさらに2倍の4倍になったまま定着するというような事件（遺伝子重複）も頻繁に起こった。細菌から哺乳類までの間に、ゲノム全体の重複が10回程度起こったものとされる。また植物の世界では、同じタンポポの仲間でも、3倍体・4倍体・5倍体など染色体が倍数化したものが見られ、植物の倍数体は一般的な現象である。このようにして倍数化と減数分裂は、遺伝子の蓄積量を膨大にすることを可能にした。そして多細胞生物の登場によって、生物界の樹状分岐は、枝をさらに分岐させながら、触手のように四方八方へと広げていったのである。

第5章 分子秩序がネットワークをつくる

　ここまでは、原核生物として誕生した生命が、次第に複雑さを増して、多細胞生物になるまでの過程を見てきた。微小で単純な身体つきだった細菌などの原核生物が合体して、体積で1000倍以上もある真核生物が登場した。その真核生物同士が合体して、無性生殖だけの1倍体生物から、有性生殖をする2倍体生物が生まれた。さらに、そうした単位となる細胞が群体となって寄り集まり、連結しあって多細胞生物が生まれた。

　なぜ生物界は、ロシアのマトリョーシカ人形のように、こうした「入れ子構造」になっているのだろうか。それは、生命が一瞬も止まることを許されないからだ。生命は40億年にわたって永劫のダンスを踊り続けるコマのようなものだ。循環する分子の秩序を破壊したり、停止したりしないで、ダンスを継続しながら次の段階に進まなければならない。このため、それぞれのパーツは回転したままで、さらに外側に秩序が形成されていく。その結果として、ぐるぐると回るダンスのまわりに、さらに回るダンスが追加されて、入れ子構造ができていくのだ。

　本章では、その入れ子ダンスの最も基礎にある「循環する分子の秩序」について見てみよう。細菌を私たちのサイズにまで引き伸ばしてみると、私たちは日本列島ほどの大きさになることを見てきたが、分子のスケールは、細菌のスケールよりも、さらに遥かに微小である。タンパク質の多くは、3~10㎚ほどの大きさであり、細菌は体積にしてその数千万倍にもなる。分子のスケールで見れば、細菌の身体も巨大な空間であり、その中で莫大な数の分子が関連しあいながら、枝分かれするドミノ倒しのように循環し続けているのである。

1　タンパク質はゆらゆらする精密装置

私たちの身体のあらゆる部分は、タンパク質でできている。典型的な動物細胞の1個には、1万種類ほどのタンパク質が100億個も詰まっている。筋肉もタンパク質なら、爪や髪の毛もタンパク質だ。身体の構造をつくるものだけでなく、あちこち動き回って機能するものも多い。酵素は細胞の内部で化学反応をスピードアップするタンパク質であり、ホルモンは細胞の外で信号を送りあうときに使うタンパク質だ。

タンパク質はみごとな精密装置である。たとえば酵素タンパク質というのはふわふわしたベッドのようなものだ。そこにブドウ糖がはまり込み、別のところに果糖がはまり込む。するとベッドが沈み込んで、ブドウ糖と果糖を合体させ、ショ糖ができる。ショ糖ができると、ベッドの窪みの形とぴったり合わなくなるので、ベッドは元に戻って外に弾き出す。このようにして酵素は、化学反応を促進するとともに、できた産物を酵素から酵素へと、次々に受け渡していく。酵素の中には自然状態なら7年かかることをわずか0・5秒でやってのけるものもある。

生物が使っている化学分子には、短い微細な低分子と、それが鎖のように長く連なった巨大な高分子がある。

アミノ酸は低分子だ。タンパク質は、20種類のアミノ酸がおよそ100個以上つながってできた長い紐である。アミノ酸には左巻きと右巻きのものがあるが、生物が利用しているのは左巻きのものだけだ。このため長い鎖状につなげていくと、ぐるぐると螺旋によじれる。螺旋は2次元構造となり、さらに毛糸の玉のように3次元構造をつくる。長いものになると、アミノ酸が数万個つながったタンパク質さえある。

タンパク質が何本か組み合わさって、複合体になることもある。たとえば私たちの赤血球が使っているヘモグロビンは、αグロビン・βグロビンというタンパク質の紐が2本ずつ合計4本組み合わさってできた複合体だ。

タンパク質の働きの多くは、「付着」する力から生じている。酵素が付着する相手は、化学反応させる分子だ。また、抗体タンパク質は、毒物や病原体に付着する。ホルモンは、細胞膜の受容体に付着する。転写因子（遺伝子の読み取りを開始させるタンパク質）が付着する相手は、DNAである。

この付着力はどこから来ているのだろうか。それは、タンパク質の形状と、表面から突き出している多数の小さな手によるものだ。アミノ酸は、炭素を中心とした小さな分子であり、4本の手を持っている。そのうち2本は、アミノ酸同士が結合して鎖になるために使う。3本目の手は、水素が結合して塞がれている。このため、最後の1本で他の分子と結合する。この手を「側鎖」と言い、アミノ酸の種類は側鎖の違いで決まる。

側鎖には、プラスの電荷を帯びたもの、マイナスの電荷を帯びたもの、中性のものがあって、様々な分子と付着したり反発したりする。この力もあって、アミノ酸が長い鎖になって螺旋を描くと、鎖の中で電気的に引き合って、丸まっていく。このようにして、1次元の長い紐が3次元に立体化するのだ。

20種類の側鎖のうち、半数は水に反発する疎水性のものだ。その側鎖をもつアミノ酸は、水から逃げてタンパク質の内側に潜り込もうとする。それ以外で表面に残った側鎖には、電荷を帯びたものもあれば、電荷のないものもある。これらがびっしりと手を突き出した状態となっている。

こうしたタンパク質に、他の分子が近づいてくると、突き出した手の電荷や分子同士の間で働く力（ファンデルワールス力）によって吸いつけられる。また、タンパク質によって、表面の凹凸の形状が異なり、特定の分子とぴったりとはまりあう。これが、付着力の正体だ。このように、他の分子と付着したり、それを手放したりすることができるために、タンパク質は働く精密装置になることができるのだ。

アミノ酸の並ぶ順番を指定している設計図が、遺伝子だ。1つのアミノ酸につき3文字の塩基で指定してある。核の中でこれらが写し取られて、メッセンジャーRNAの長いテープができる。すると次に、それが核の外へ持ち出される。そしてタンパク質製造所リボソームは、メッセンジャーRNAのテープを読み込みながら、材料のアミノ酸をつないでいくのである。

2　液体の水には奇跡的な特質がある

タンパク質は精密装置だとは言っても、金属機械のように硬質で堅固な装置ではない。水の中でゆらゆらと揺れており、水と結合したり離れたりしている柔軟で絶えず形状を変えている装置なのだ。したがって、1つ1つのタンパク質には個性がある。

私たちの身体は、60~70%が水でできている。ところがこの液体の水というのは、実は宇宙の中でとんでもなく特殊な物質なのだ。水素原子2個と酸素原子1個が結合した分子・水（H_2O）は、水素側がプラスの電荷、酸素側がマイナスの電荷をもっている。全体としては中性だ。しかしこの電荷というのが独特であり、水分子は1個の極微の磁石といった性質を帯びている。

このために水分子はぴたぴたとくっつきあって、大きな塊となることができる。コップ一杯の水も、流れる川の水も、すべての水分子が手をつないでいる。そして絶えず付いたり離れたりと変化を繰り返している。その変化は、なんと1秒間に1兆回以上だ。水はこの磁石の力によって、多数の物質を溶かし込む。多くの化学分子は、水の中では水分子の電磁気力に引かれて乖離し、イオンになる。この性質によって水は異質なもの同士を溶かし込み、出会わせて、別のものを生成する。

細胞は、水の中に溶かされた何億という低分子・高分子が、極めて高速に循環ダンスを続けるネットワークである。分子同士が個々ばらばらではなく、網の目のようにつながりあい相互作用しながら動くのであり、それはいわば、水のようなものなのだ。波となり、流れとなる。雫、さざ波、波頭、池、小川、大河、大洋のようであり、それは水のネットワークがつくり出した姿なのだ。そして私たちの細胞もまたこの流動する液体、水の化身だ。私たちが人間の肢体や動物・植物の形態を見て、しなやかで美しいと感じることがあるとしたら、それらがすべて水の化身だからなのである。

もっともこうした水の性質は、水が液体であるときだけのものだ。固体の氷となると、水の分子の結晶はがっちりと手を結びあって流動性がなくなる。気体の水蒸気となると、水分子同士の距離が離れ、ほとんど物質を反応させなくなる。

そして水が液体でいられるのは、通常は摂氏０度から１００度という極めて限られた温度帯の範囲内にすぎない。この宇宙には下は摂氏マイナス２７３・15度という絶対零度から、上は超新星爆発の数十億度という凄まじい超高温まで、膨大な温度の幅がある。この幅の中で水が液体でいられるのは、わずか１００度という細い１本の線のような範囲にすぎない。

さらにタンパク質となると、酵素として活動できるのは、通常は摂氏60度程度までだ。それ以上の高温になると、壊れてしまう。つまり私たちは、奇跡的なほどの狭い幅の中で、絶えず必死にバランスをとりながらダンスしているわけだ。

アミノ酸・ブドウ糖・ヌクレオチドといった基礎単位となる低分子は、鎖のようにつながって、タンパク質・多糖・核酸といった高分子となる。高分子によっては、複雑に組み合わさって、膜や粒、あるいは網のようになる。反復形成である。そして何らかの制約によって停止させられるまで、同じことを繰り返す動きが自然に起こることがある。これが、自然界における自己集合だ。

高分子は不安定なので絶えず修復していかなければならない。このため、細胞の中では、数千以上もの化学反応が同時に進行していて、絶えず高分子をつくったり壊したりし続けている。しかも1本1本の化学反応が相互に関連しあい、循環するようにつながっている。こうした膨大なネットワークが、回転するコマのように絶えず運動を続けているのが、生命の実相なのである。

細胞は水の中で揺れている分子の集合体であるため、一見脆い。また遺伝子記録を参照しながら反復形成していくために、一見反応が遅いように感じる。しかし脆くて遅いように見える構造だからこそ、何十億年もの変化や巨大な天変地異に耐えられた。発生しては消滅して行く台風などの自然現象とは異なって、生命は極めて持続性の高い安定した構造をもっていると言えるだろう。

3　膜タンパク質で細胞の特徴が決まる

細胞膜は、リン脂質が二重になった膜である。リン脂質は水の中に入れると多数が自然に集合して、シャボン玉のような中空の球体になる。リン脂質の分子はグリセリン、脂肪酸とリン酸でできた細長い形をしていて、頭部で水と反発し、尾部で水と付着する。このため分子の頭部は、並んで水をはじく。球の内側にも水があるので、こちらでも分子の頭部が並んで球を内張りし、二重の膜になる。「リン脂質二重膜」だ。

細胞膜に埋め込まれている「膜タンパク質」の大きさは、リン脂質の分子の100倍以上あるものもある。細胞ごとの特徴は、この膜タンパク質によって決まる。

多くの膜タンパク質からは、糖質の成分が枝のようににょきにょきと突き出している。この糖質でできた部分を「糖鎖」と言う。ふにゃふにゃしたタンパク質と違って糖鎖はしっかりしているので、細胞膜同士が接触しあったときに目印になる。糖鎖は、いわば細胞の顔なのだ。細胞同士はこの糖鎖を使って、結合したり対話したりする。

そしてこのことが生物の発生にとっても、極めて重要なのだ。細胞同士が接着して結びつく際に用いるタンパク質を「細胞接着分子」と言い、その1つに「カドヘリン」がある。カドヘリンには糖鎖があって、脊椎動物で30種類以上のものがあり、一般に同じタイプのもの同士で結合する。細胞たちはこの性質を利用して、自分の仲間を認識し、同じ種類の細胞と接着する。また、動物の体内で遊走する細胞は、目的地の細胞を糖鎖で認識する。

膜タンパク質に限らず、タンパク質によって色彩も違えば弾力性も違う。舐めてみれば味も異なる。それぞれの細胞は、特殊なタンパク質を用いることによって専門分化していく。たとえばアクチンが連なれば、微繊維になる。ケラチンがつながると、髪の毛のように硬くなる。クリスタリンが連なると、眼のレンズのように透明になる。

そしてタンパク質は相互作用する。細胞外に分泌されたホルモンが他の細胞の受容体に結合すると、受け取った細胞の中で受容体の形が変わったり、Gタンパク質、環状AMPといった比較的小さな分子が動き出す。ここを起点として、分子のドミノ倒しが始まり、それが滝のように連鎖反応を起こしながら分岐していくのである。

4　自己スプライシングができるのはＲＮＡだけ

現代の生物学の主流では、生命の誕生は、ＲＮＡから起こったものと考えられている。生命の原初において、まずＲＮＡ分子の飛び交う世界「ＲＮＡワールド」があって、ＲＮＡ同士や他の分子が相互作用しながら進化してきたというのだ。原初の時点では、まだタンパク質の酵素もなければ、ＤＮＡも細胞膜も存在しなかった。

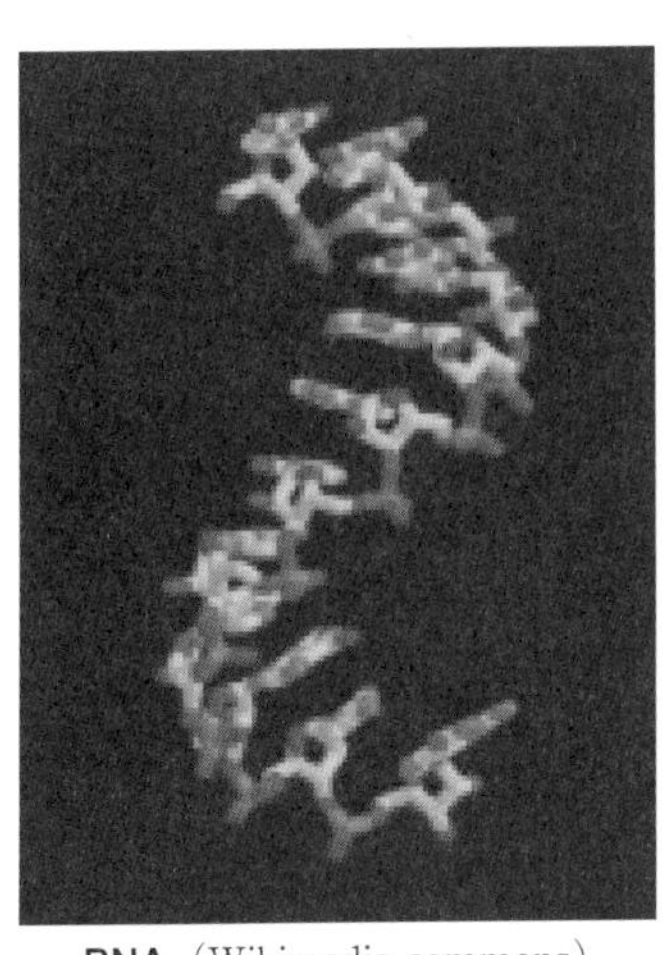

RNA（Wikimedia commons）

ＲＮＡというのは、糖とリン酸に４種類の塩基が結合したものであって、実験室でも合成することができる。長く連なることもできるが、その単位となる大きさ（幅）はわずかに１～２㎚というほどの微小さである。こうした微小な分子がなぜ生命の誕生を担ったと言われるのだろうか。

細胞の中にあって代謝や自己増殖のために働いている分子は、主にＤＮＡ・ＲＮＡとタンパク質だ。このうちＤＮＡは、４種類の塩基が結合し長大な鎖になることによって多くの情報を保持できる。タンパク質合成の設計図だ。しかしＤＮＡは、自分で動き回って自分を複製したり増殖したりすることはできない。いわばＤＮＡは、ＣＤ盤のようなソフトウェアの情報媒体なのだ。

一方タンパク質の方は、20種類のアミノ酸を組み合わせた長い紐であって、柔軟な精密装置として化学反応を触媒することができる。しかしタンパク質自身には、ＤＮＡのような記録された情報がない。いわばタンパク質はＣＤレコーダーのようなハードウェアの装置なのだ。

ＤＮＡのようにソフトウェアだけがあっても、それが読み取られなければ何も起こらない。タンパク質のようにハードウェアだけがあっても、情報が来なければ作動しない。

ところがＲＮＡは、ソフトウェアもハードウェアも兼ね備えることができる。自分の中に情報をもつものがある。また動き回って形を変え、化学反応の触媒をするものもある。この機能は、繊毛虫テトラヒメナのもつＲＮＡが、タンパク質の助けを借りずに、自分で自分の長い紐を切ったり貼ったりしていることから発見された。これを「自己スプライシング」と言う。そしてやがて、原初の世界ではＲＮＡが動き回って相互作用しながら進化したと考えられるようになったのだった。

まずＲＮＡのうち、代表的な3種類についてざっと見ておこう。メッセンジャーＲＮＡ（伝令ＲＮＡ、ｍＲＮＡ）は、核の中にあるＤＮＡの遺伝子配列を写し取った1本のテープだ。長いＤＮＡの鎖のうち、特定のタンパク質を合成するための設計図の部分だけが転写される。メッセンジャーと呼ばれるのは、ＤＮＡから製造所リボソームまで情報を運ぶ伝令役という意味だ。

次にトランスファーＲＮＡ（運搬ＲＮＡ、ｔＲＮＡ）は、ヘアピンのような形をしていて、アミノ酸をつまんで運ぶ。製造所リボソームでタンパク質をつくるとき、その材料となるアミノ酸を順番に運んでくる。

3番目のリボソームRNA（rRNA）は、製造所リボソームそのものを構成する。製造所は、大部屋と小部屋の2つの部分に分かれ、ふだんはばらばらだが、タンパク質合成のときには合体する。50種類以上のタンパク質と少なくとも3種類のリボソームRNAが組み合わさってできており、機能の中心を担っているのはリボソームRNAだ。RNAが触媒して、アミノ酸がつながっていく。

こうしてみると、① 情報を運ぶRNA、② 材料を運ぶRNA、③ 組み立てるRNAというように、RNAがあちこち飛び回りながら機能していることが分かる。RNAの触媒としての機能が、核酸をつないで変化させたり、物質を運搬・分解したり、アミノ酸をつないだりしているのだ。

20世紀中盤に発見されたDNAは、遺伝情報の倉庫であった。その発見があまりにも衝撃的であったために、DNAとそこに書き込まれた遺伝子こそが生命の本質であるかのように長い間思い込まれてきた。しかし生命は、流動し循環する分子のドミノ倒し秩序である。実際に動き回って仕事をするRNAこそが、DNAと同じか、あるいはそれ以上に生命現象の本質を担っている媒体かもしれないのである。

5　生命は複雑系

私たちの脳は、「何か原因があると、それに対して結果が起こる」という直線的な思考に慣れている。ところが生物の反応は、必ずしもこのような1本道を通して起こるというものではない。原因と結果の関係が「1対1」ではなくて、「多対多」なのだ。何かが起こると、それを原因として多数のことが起こる。たとえば、外界のある1つの刺激を受け止めたとき、細胞の中で起こる化学反応のドミノ倒しは、雪崩のように何本も同時に走る。

しかも元の原因も1つではなくて、次々と降りかかってきて多数になるのが普通だ。「多から多」が起こり、それが1回ではなくて連鎖反応として広がっていく。それは、網の目のように広がり続ける波としてイメージできるだろう。

何かを起こす原因の1つ1つは、偶然に支配されていることも多い。たとえば水中で微粒子がちらちらと動くブラウン運動は、多数の水分子が不規則に衝突することによるものだ。1つ1つの分子は予測のできない動きをする。こういった「多対多」の関係にあって、偶然の要素が入り込んでくる状態のことを「複雑系」と言う。

生命現象は複雑系である。生命現象ばかりではない。現実に自然界で起こるほとんどの現象は、複雑系なのだ。

惑星や星座については、将来の何月何日の何時頃、天球のどの位置に来るかということが正確に予測できて、数年後のことであってもぴたりと当たる。これに対して天気予報は、明日の天候であっても当たらない場合がある。これは、なぜなのだろうか。

宇宙の天体については、たとえば太陽系では、巨大な質量の太陽と惑星の間には何もない。真空である。したがって未来を予測するときに考慮に入れるのは、重力の相互作用だけでよい。惑星の間には小惑星、彗星や塵、ガスなどの星間物質もあるが、これらは太陽・惑星の巨大な質量に比べれば、ほぼ無視しうる。したがって天体の運行は、ニュートン力学によって正確に予測が可能なのだ。

これに対して気象の予測は難しい。地球の大気の中には窒素、水蒸気、酸素をはじめ、分子がぎっしりと詰まっている。多数の分子が相互作用する。加えて日照、湿度、海流など多様な条件が刻々と変化する。このように多数の要因同士が相互作用しあうと、直線的な原因・結果関係は出てこないのだ。原因が無数に多くなると、結果は予測不能となる。天気予報がおおむね当たってはいても、台風の進路のようにしばしば外れることがあるのは、このためだ。気象もまた、複雑系なのだ。

生命は、気象よりもはるかに複雑な複雑系である。しかもそれは入れ子構造となっている。分子と分子の関係も「多対多」なら、細胞内の小器官同士も「多対多」の関係である。そして細胞同士も「多対多」で相互作用しており、さらに個体同士も「多対多」で生態系をつくっている。「多対多」の関係が階層をなしている。

つまり、RNAが重要だからといって、RNAがすべてを握っているというものではない。あくまでも分子のネットワークこそが重要なのだ。RNAだけについて見ても、1個だけで仕事をしているのではない。RNAを含む無数に飛び交う分子のネットワークによって、機能が果たされているのだ。

6　RNAが飛び回って仕事をする

生物の発生に関する実験で、ある遺伝子を壊してみるとある組織がつくられなかったとする。こうした場合、かつては「この遺伝子は、この組織をつくっている」という具合に表現されていたことがあった。「遺伝子が原因で、組織が結果だ」というわけだ。しかし遺伝子は、あるタンパク質についての設計図にすぎない。そのタンパク質は、ある限定された働きをする精密装置にすぎない。大活躍するタンパク質もあるものの、だからといって1種類で組織のすべてを製造できるというものではない。

しかも遺伝子は、特定のタンパク質の設計図ですらなかったのだ。このことが判明したのは、ヒトのゲノム（全遺伝情報）が解読されて遺伝子が約2万個しかないことが分かったからだった。それ以前の時代には、ヒトのタンパク質は約10万種類あるので、遺伝子も10万個以上あるものと信じられていた。しかし、ヒトのゲノムを解読してみると、遺伝子はわずか約2万個しかなかったのだ。なぜこのようなことが起こるのだろうか。

それは、1つの遺伝子が読み取られた後で、いくつものタンパク質へと合成されるからなのだった。たとえば哺乳類の細胞骨格のタンパク質「トロポミオシン」の遺伝子は1つだけだ。しかしタンパク質の方は、骨格筋・平滑筋・繊維芽細胞・肝臓・脳といった組織ごとに異なっており、5種類のものがある。

1つの遺伝子から5種類ものタンパク質ができる。そのためには遺伝子を読み取るとき、つまりメッセンジャーRNAのテープに書き写し（転写）したり、タンパク質を合成（翻訳）したりするときに、「調節」されることが必要だ。その調節の仕方には何通りもあるが、主要なものを「スプライシング」と言う。

スプライシングとは、DNA情報を写し取ったメッセンジャーRNAの長いテープを切ったり貼ったりすることを言う。それによって何種類もの情報ができる。それでは誰が、この切り貼り作業を行っているのだろうか。それは、分子のネットワークによって起こるのであり、その主体となっているのはRNAなのだ。RNAは、核の中でアーゴノートというタンパク質と結合して複合体となり、メッセンジャーRNAのテープを切り貼りする。

切ったり貼ったりするような働きをしているRNAは、自分ではタンパク質合成の情報をもっていない。このため「非コードRNA」（ncRNA）と呼ばれる。このうち切り貼りの主体となるのは、snRNAと呼ばれる一群だ。1細胞に200万個以上が存在する。

このほか、非コードRNAとして、miRNA、siRNA、piRNAなどのグループがあり、小さなチップ状となったmiRNAだけでも数万種類が知られている。これらは、遺伝子が転写されてメッセンジャーRNAのテープとなり、それが翻訳されてタンパク質になるプロセスにあれこれと介入する。テープを分解したり、転写を調節したり、翻訳を抑制したりする。こうした働きは、代謝から発生、細胞の専門分化まで、幅広い生命現象にかかわっている。

実際にはＲＮＡの種類や働きは、まだ知られていないことの方が多い。これら低分子ＲＮＡよりも約10倍も長いｌｎｃＲＮＡが、ヒトで6万種弱もあるとされており、何をしているのかほとんど分かっていない。さらには新種のＲＮＡがまだまだ発見されつつあるというのが現状なのである。

ヒトのＤＮＡの中で遺伝子は2％の領域にすぎない。かつてはヒトのゲノムのうち遺伝子以外の98％の部分は、「ジャンク」（ガラクタ）と言われて、繰り返しの配列が多い役に立たない部分だと思われていた。しかし現在ではこの部分は「非コード配列」と呼ばれ、ここを読み取って様々なＲＮＡがつくられたり、遺伝子の読み取りを調節したりすることが分かっている。残りの98％からどんなＲＮＡが転写され、どんな働きをしているのかは、今後解明されるべき未知の暗黒大陸なのだ。しかしそこには、遺伝子を読み取るときに調節を行う「読み取り系」の情報が、膨大に存在していることは間違いない。

確かなことは、ＤＮＡを転写する主体はＲＮＡだということだ。情報を転写した長い紐がメッセンジャーＲＮＡだというなら、それを切り貼りしている中心もｎｃＲＮＡだ。そしてタンパク質を製造するリボソームでも、主体となって働いているのはｒＲＮＡである。遺伝子の転写やタンパク質合成の主役は、ＲＮＡなのだ。

7 生物の発生にもＲＮＡが重要

ヒトとチンパンジーの遺伝子を比較すると、わずか1％強しか違いがない。それでいったいどうやって体毛から歩き方、脳の発達に至るまで、全く異なる動物になるのだろうか。また、ヒトの遺伝子は約2万個であるのに対して、細胞数わずか959個のセンチュウが約1万9000個もの遺伝子をもっている。植物のイネは、ヒトより多く実に3万2000個以上だ。遺伝子の数と生物の複雑さには、相関がないのだろうか。

実はＤＮＡの98％を占める非コード配列の複雑さの方は、ヒトが最大と考えられるのである。遺伝子ではなくて非コード配列こそが、生物の複雑さを決める鍵となっているものと考えられるようになってきた。

非コード配列からつくられた非コードＲＮＡは、メッセンジャーＲＮＡに付着して働きを妨害することができる。ＲＮＡの機能もタンパク質と同じように、一般にぴたぴたとものに付着することによって生じる。小さなチップ状となったＲＮＡは、他のＲＮＡやＤＮＡの特定の場所に貼り付く。タンパク質の複合体に付着すれば、その複合体を道案内したり、他のＲＮＡを切断することもできる。

このようにしてＲＮＡは、遺伝子を読み取ったり、読み取るのを阻害したりする。遺伝子の読み取りそのものが生命活動にとって重要なのは言うまでもないが、読み取りの阻止はそれと同等か、あるいはそれ以上に重要である。1つの細胞の中には、その生物のすべての遺伝子が保管されている。あらゆる遺伝子が、のべつまくなしに読み取られていたのでは、大混乱になってしまう。時間の経過とともに順を追って、適切な遺伝子だけが読み取られることが必要なのだ。

そのためには、ほとんどの遺伝子は読み取られないようにDNA指令書が閉じていなければならない。RNAは、指令書を閉じるにあたっても中心的な役割を果たす。RNA自身がメッセンジャーRNAなどに結合することもあれば、指令書を閉じる「メチル基」を付ける酵素を道案内することもある。

RNAは細胞間のトンネルを通じて、組織の中を自由に動き回ることができる。したがって、役割を果たす空間の範囲は非常に広い。そして行き着いた先でも遺伝子の読み取りやタンパク質の機能を調節することができるのだ。

生物の初期発生では、母親から受け継いだRNAが重要な役割を果たす。卵は各種のタンパク質や卵黄のほか、多量のメッセンジャーRNAを含む。ウニでは受精が起こると、このメッセンジャーRNAを使ってタンパク質をつくり始める。センチュウでは、miRNAが遺伝子の読み取りを調節して、発生のタイミングを決める。

また植物には、花粉が柱頭に受粉することができるかどうかをRNAで決めるものも多い。たとえばナスは、花粉管が伸びるのに特定のRNAが必要だ。自分の花粉がメシベに付着した場合には、そのRNAを破壊してしまう。

このとおり発生の初期段階では、遺伝子ではなくて、もともと母親によって準備されていたRNA

が活躍する。そして次の段階になったところで、細胞は自分の遺伝子を読み取ってメッセンジャーRNAをつくり、そこからタンパク質を合成していくのである。

以上のように情報ももてれば触媒もするRNAではあるが、弱点は不安定なことだ。RNAは短期間で分解されてしまう。多くの仕事をこなすことができるのは、あくまでも膨大な数のRNAのネットワークとしてのことだ。そこでRNAワールドからは、やがて安定な記録媒体としてDNAがつくられるようになった。また一方で、安定な精密装置としてのタンパク質がつくられるようになった。そしてこの3つのものが膨大な数で相互作用することによって、最初の細胞（原核生物）が誕生してきたものと考えられている。

通常、生物界では、DNAからそれを写し取ってRNAがつくられる。しかし、特殊なケースでは逆に、RNAからDNAをつくることもできる。たとえばRNAウイルスの中には、DNAを合成するための「逆転写酵素」をもっているものがいる。原初の世界では、RNAからDNAがつくられるのが特殊なケースではなくて、むしろ普通に起こっていたのかもしれない。

また、原初の世界では、最初のタンパク質は、RNAが触媒として反応しやすいように、分子の位置を向け直したのだろう。そのうちにタンパク質自体の構造が進化していって、やがて特定の化学反応についての触媒に専門化したものと考えられる。

生命現象は目に見える物質としてのRNA・DNA・タンパク質よりも、これらの目に見えない関係性が重要なのだ。物質は目に見えるが、機能は目に見えない。しかし目に見えない働きが集合したものこそが、生命である。複雑系が指し示す新しい生命像では、物質ではなくて関係性こそが本質なのである。

第6章 植物の独自なる発展

遠い山野まで出かけて行かなくても、少し散歩をしてみれば、植物が地上の支配者だということは、誰にでもすぐに了解できる。植物の生命をいただいて、私たち誰もが生きている。

夏の終わりのある夕方、まだ陽射しがさんさんと降り注ぎ、窓の外にはびっしりと生い茂った緑の葉がそよいでいた。窓のすぐ外にはほどよく育った桜の木があって、伸ばした枝は、いっぱいに葉を付けていた。

外に出ると、車通りから始まった道がなだらかに坂を下って、細長い森の奥へと延びていた。鏡のような池は、たくさんの生命をたたえて深い濃緑色をしている。池のほとりの小道を歩くにつれて、岸のイチョウの葉の隙間から、白銀色の靄に包まれた太陽がちらちらと木漏れ日を差し込んでいた。

窪地にはせせらぎが流れ、狭い橋を渡って行くと、森はまっすぐにそそり立つ杉の木立が広がって、薄暗かった。川岸の下の方は、小さな谷底のせせらぎで、そこからなだらかに上っている河原に、背丈の高い草が生い茂って、夕風に揺れている。池のはずれの下草からは、木々の葉が微風にそよぐ優しい音をかき消すように、秋の虫の声が、りんりんともの憂く甲高く響き渡っていた。私たちも昆虫たちも、すべてが緑の植物の巨大な生物量の中に包まれている。
やがてあたりはすっかり暮れて、ひっそりとした森の中で、せせらぎの流れる音とそれを包む虫の音の合唱が、夕闇の中に沈んで行くのだった。

1　植物の発生はどこから始まるか

花を咲かせる被子植物は、植物の中で最も複雑に進化したグループだ。植物が上陸したのが約4億5000万年前であるのに対して、被子植物が登場したのは2億~1億2500万年前頃と、比較的新しい。私たち動物の幹とは異なる植物の幹で、私たちとは最も遠く離れて枝を伸ばした先にいる生物だということになる。

植物のライフスタイルは、私たち動物とは全く異なったものとなっている。葉緑体をもって光合成し、独立栄養であることが最大の特徴なのは言うまでもない。しかしもう1つ実に不思議なことに、植物は1倍体の世代でも2倍体の世代でも多細胞生物になるという特徴がある。

1倍体の世代というのは、私たちで言えば精子や卵の時期のことだ。精子や卵は単細胞のままで出会い、合体して2倍体になる。精子も卵も単細胞の1倍体としてほんの短い期間だけ生きる。これに対して植物は、1倍体の時期であっても単細胞のままではなくて、分裂して多細胞体になるのだ。それが精子（精細胞）を包む花粉であったり、卵細胞を守る胚嚢（はいのう）であったりする。精細胞と卵細胞は1

被子植物の群落（著者撮影）

倍体のカプセルに乗って守られたり、栄養を提供されたりしている。その点が、動物とは異なっている。

植物の誕生、つまり発生の開始は、いつからということになるのだろうか。それは、種子から芽が出るという時点ではない。種子というのは、胎児である「胚」、それに栄養を与える細胞集団の「胚乳」、そしてそれらを包み込む表皮である「種皮」によって構成されている。種子はすでに十分に専門分化しており、立派な多細胞の個体なのだ。種子から芽が出るのは、動物で言えばニワトリの卵から殻を破ってヒナが出てくるようなものだ。つまり種子は、休眠したり拡散したりするために専門分化した生物体であり、胚という胎児のための高度な乗り物なのである。

2　花粉は精細胞を包むカプセル

被子植物の発生がどこから始まるのかと言うと、それは花のオシベの葯や、メシベの奥の子房の中からである。そこから、被子植物をめぐる1倍体生物の冒険が始まる。
「青い鳥」の作者メーテルリンクは、次のように記している。

花が開くと、ひじょうに長い五本の雌蕊が、緑のドレスを纏った気位高く近づき難い五人の女王のごとく、紺碧の副花冠の中央にぴったりと寄り集まっている。その周りには、数知れぬ恋人の一団が、絶望的にひしめき合っている。雌蕊の膝ほどの丈もない雄蕊たちである。こうして、このトルコ石とサファイアの宮殿では、夏の日の喜ばしさのなか、言葉もなく予想しうる結末もない待機のドラマが始まる。為すすべもないまま、空しく、じっと待っているばかりの待機のドラマである。

（メーテルリンク『花の知恵』高尾歩訳、工作舎）

花は4重になった輪の構造になっている。一番真ん中にメシベ、そのまわりにオシベ、その外側に花弁、そして一番外側にガクがある。このうちまず精細胞の方を見てみると、オシベの先にある葯の中に花粉ができる。花粉は2〜3個の1倍体細胞でできている。そのうち1つが大きな袋となり、残りの細胞を包み込む。1個の花粉は複数の細胞からできた多細胞生物なのだ。

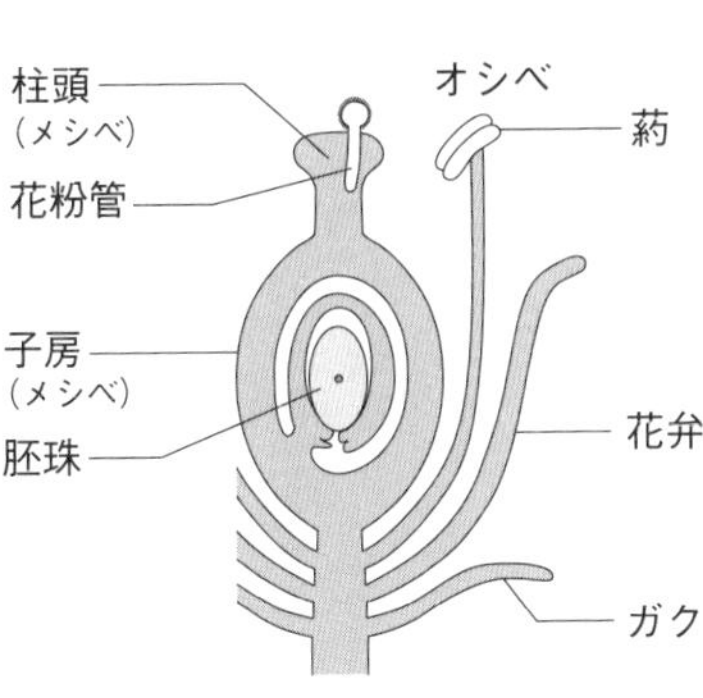

図3　花の断面図

葯の中で多数の花粉ができるとき、花粉を取り囲んだ細胞集団（タペート組織）が栄養を供給する。花粉が昆虫などに接着するための粘着物質や花粉のもつ黄色・オレンジ色の色素も、このタペート組織から提供される。

花粉のカプセルの中には、種によって1細胞から2細胞が入っている。1細胞の場合は、途中で分裂して2細胞になる。この2つの細胞が精細胞である。私たちの精子は1匹だけが卵の中に突入していくのに対して、被子植物の精細胞は、花粉の中で2つずつペアになっている。

花粉は外壁だけで2層あり、その模様も種によって多様である。平滑な紋様だったり、小さな穴、浅い溝、微小な突起、イボ状、円柱、短い乳頭、長い棘、皺、縦の模様、網目などがあり、花粉の形や表面の模様によって種を判定することができる。

3　動かない植物の生殖戦略は多彩

オシベにある葯が破裂すると、花粉が放出される。花粉の旅はご存知のとおり風に乗って行く場合もあれば、動物に運ばれる場合もある。風媒の場合は、種によっては１３００㎞もの長大な距離を飛行していく。東京から鹿児島よりもずっと遠い旅だ。いったいきちんと受粉できるのかと心配になるほどの遠い距離である。そこで花粉は、膨大な数にしておかなければならない。トウダイグサのある種は13億個以上の花粉を飛ばすし、トウモロコシは１８５０万個を飛ばす。

無駄が多いと感じられるかもしれない。しかしアジアの内陸部など乾燥地帯にある風の吹きすさぶ広大な草原では、見渡す限りほとんどがイネ科の風媒花だ。風媒花は昆虫に頼らなくても、風が吹けば生殖ができるわけだ。

花の中には「閉鎖花」と言って、蕾のように閉じた花の中で自家受粉するケースがある。この場合は、花粉が生殖器から外に出て行かない。たとえばみずみずしい青色のツユクサも、地面の下、根のあたりに閉鎖花をつけて自家受粉する。またアフリカ・マリの砂漠地帯では、地面は摂氏70～80度もの高温になるので、昆虫も近寄れない。そこで閉鎖花で自家受粉する。１７０㎝よりも高い位置に花をつけることのできる木なら、気温も下がって40～44度となるので、花を開いて昆虫に媒介してもらう。あるマメ科の植物は、温暖な地方ではミツバチが媒介するが、マリの砂漠では自家受粉する。植物は動いて移動できないだけに、生殖戦略は多彩で柔軟なのだ。

　無性生殖の仕方となると、植物はまさに多彩で柔軟だ。２倍体の親の身体から芽が出てきて、それが再び個体となっていく。芽はイモなら地中で球状となる。イチゴは匍匐茎をつくって地を這って行き、適当なところでまた根を下ろす。タケは地下茎からにょきにょきと何本ものタケノコを指のように突き出して行って、それが新しい幹になる。

　花粉の旅を昆虫に媒介してもらう花の多くは、ハチが媒介する。花はハチの好む色をしており、甘い香りを発し、栄養たっぷりの蜜を出す。ハチは、明るい紫色・すみれ色・黄色の花を好み、花粉や蜜を食料とする。一方ハエは、有機物が腐敗したような悪臭を好むので、熱帯のラフレシアはわざわざ腐った肉の匂いを放つ。

　オフリスというランは、ジガバチのオスが羽化するのに合わせて開花する。その花はハチのメスとそっくりの形をしており、オスを引きつける匂いまでも放つ。未経験のオスは、花をメスだと思い込み、交尾行動をする。オフリスが蜜を与えることはない。ハチのオスがあちこちの花で交尾しているつもりになっていると、花粉はオフリスからオフリスへと運ばれるというわけだ。

　ツバキなど鳥に媒介される花は、蜜は多いものの香りをあまり出さない。鳥は嗅覚が優れていないからだ。その代わり視覚が優れており、花の方は赤色やピンク色、オレンジ色のものが多い。ほとんどの昆虫には赤色が見えないので、蜜を盗まれないよう昆虫にとってむしろ目立たなくしているのだ。

　夜行性の動物に媒介される花は、強い香りを放ち、白色で目立つようにしている。蝋のように可憐なユッカの花に寄ってくる夜行性のガは、ユッカの子房の中に産卵する。生まれてくる幼虫は、ユッカの種子を食べて育つ。しかしユッカの方は食べられる以上に十分な数の種子を準備しているので、問題はない。

コウモリに媒介される花もある。熱帯に多くて、夕暮れに白っぽい花を開く。マメ科のある種の放つ強い匂いは、人にとっては不愉快だったり、カビくさかったり、酸っぱいミルクのようだったりする。花はコウモリの繊細な羽を傷つけないように長い柄をもっており、枝や葉から離れたところに花をつける。

4 メシベの中を花粉管が降りていく

さて、花粉が運ばれてくると、いよいよ受精である。花粉はメシベの柱頭に到達すると、そこから花粉管という長い筒を伸ばして子房の奥にある「胚珠」に向かっていく。

胚珠というのは、精細胞と卵が合体するためのベッドである。メシベの子房の一番下の方にある。このため、花粉は合体するために花粉管を長く伸ばさなければならない。ユリでは十数㎝、トウモロコシの場合、実に45㎝も伸びていかなければならない。管の中を通って2つの精細胞が下りていくのだ。

グリム童話のラプンツェルは、女の子が長い髪を垂らして、それを伝って王子が登ってくる物語だった。しかしメーテルリンクに倣って表現すれば、花たちの物語はその逆で、双子の王子が長い髪を垂らして、下で待っている女の子のために降りて行かなければならない。

メシベの柱頭は、窪みがあったり、粘液を出したりして、やってきた花粉を捉える。花粉管は水を吸うとぐんぐん伸びる。花粉はもともと1つの細胞が精細胞を包んだものなので、伸びていくのは細胞膜だ。そして精細胞や内容物が逆流しないように、花粉管の途中に栓をする。

花粉管が伸びて行くときに、周辺の細胞や組織から花粉管を誘導するための化学分子（γ-アミノ酪酸）が放出される。この分子は、なんと私たちの神経細胞が伸びて行くときに誘導する神経伝達物質と同じものである。

メシベの奥深くにある胚珠の中には「大胞子嚢」と呼ばれる大切な部分がある。これがメシベ側の1倍体細胞を生み出す組織だ。最初に存在しているのはまだ2倍体なのだが、その一部が減数分裂をして1倍体が生まれる。この1倍体は7個の細胞が集まって「胚嚢（はいのう）」という多細胞体をつくっている。

5　精細胞のペアが二重に受精する

胚嚢7細胞のちょうど真ん中にある1つの細胞が、肝心の卵細胞である。他の6つの細胞を見ると、まず下部に2つある「助細胞」は、卵の台座になっていて、信号分子を出して花粉管を誘導する。また卵の上には「中央細胞」が被さっており、これは2つの核をもつ細胞であって、受精後に「胚乳」となっていく。胚乳は文字どおり胚に対して乳（栄養）を与える組織だ。残りの3つは「反足細胞」

と言い、胚珠の上部にあって胚嚢全体に栄養を供給する。

花粉管は子房の奥で待ち構えている胚珠に到達すると、胚珠に空いた穴から中に入る。そして卵を支える台座である2つの助細胞のどちらかに管を差し込んで、破裂する。助細胞は、受け取った精細胞を、次の細胞へと受け渡す。

被子植物の受精の仕方は、精細胞がもともと双子のペアとして降りてくるので、特殊なものとなる。受精は二重に行われるので「重複受精」と言う。1つの精細胞は卵と合体して受精卵となる。これが胎児（胚）のもとである。一方、もう1つの精細胞の方は、胚嚢で待っていた中央細胞と合体する。中央細胞は、もともと2つの核をもっているので、精細胞の核が入ると3核になる。3倍体である。この3倍体が分裂増殖して、胚に栄養を与える胚乳をつくる。胚乳には、糖・脂質・タンパク質といった胚を育てるための栄養分が溜め込まれる。米や麦など穀物で言えば、栄養豊富なデンプンの部分が胚乳である。

精細胞と卵は1倍体、それが合体してできる胚は2倍体だった。これに対して胚乳は、通常3倍体でできた特殊な組織である。被子植物は1倍体の世代、2倍体の世代のほかに、一時期だけ3倍体の世代をつくるわけだ。

胚乳の増殖の仕方も、変わっている。中央細胞は多くの場合、分裂しないで核だけをどんどんつくり、1つの細胞だけで多ければ数千の核をもつようになる。多核体である。しかし一般的には、次の段階で隔壁をつくって多細胞体になる。胚乳は下の方から根のような長い円筒状の器官を伸ばして、母親から栄養を吸うものも多い。

植物の中で最も進化した被子植物では、このように胚が栄養を吸収しながら育っていくための装置ができる。それは、まるで私たち哺乳類の胎盤のようでもあり、胚を何重にも取り巻いて育てているのである。

6　植物は反復形成するシュートの集合体

受精してできた2倍体の受精卵は、動物のようにすぐに分裂を始めるわけではない。少しの間は休眠して、その間にあらかじめ溜め込んだ材料を使って、細胞壁をつくる準備をしたり、タンパク質製造所リボソームを集合させたりする。

そして準備ができると、いよいよ細胞分裂の開始である。動物の場合は最初の分裂は上から下に垂直の線が入って縦に分裂するのに対して、植物の場合は真ん中に水平の線が走って横に分裂する。2つに分裂した後は、上の細胞は小さくなり、下の細胞は大きくなる。この分裂の仕方は象徴的だ。植物は分裂をしながら、全体を上と下に直線状に伸ばしていくのが基本だからである。

植物では、伸びていく先端の方にいる若い細胞が分裂する。これに対し基部の方の古い細胞は、がっちりと固い細胞壁をつくって分裂しない。古い細胞が成長するのは、液胞の体積を増大することによってである。植物では先端にいる若い細胞がリーダーであって、下にいる老化した細胞に対して指令を送るようになっている。年功序列が重視される日本社会とは、逆の構図だと言えるだろう。

最初に伸びる芽の先端に1枚だけ葉をつけるのが単子葉類であり、2枚の葉をつけるのが双子葉類である。単子葉類（約5万5000種）は、たった1種の祖先から分岐したものだ。このうち熱帯からツンドラまで広がるイネ科だけでも、9000種以上が現存する。単子葉類としてはイネのような草本だけでなく、栄養体をつくるサトイモや、地上50mに達するヤシ、さらには75mにまでなるタケも含まれている。

双子葉類（約16万5000種）は、被子植物から単子葉類を除いた残りの総称であり、複数の系統の集まりだ。2枚の子葉をつけるのは、発生初期に芽の先端が2方向に分かれるからだ。バラ科、モクレン科、クスノキ科などこちらも木本から草本まで多彩である。

1本の茎に1つの葉がついた基本単位を「シュート」と言う。植物の地上部は、シュートの反復形成によってできたものだ。シュートの先端には「茎頂分裂組織」という増殖する細胞集団がある。直径わずか0・1～0・3㎜の組織であり、茎と葉はこの組織から一体となってつくられる。茎頂分裂組織の最先端の部分には、大型で不活発な細胞によって守られた細胞群がある。その細胞群を「始原細胞」と言い、これが分裂組織の中心である。始原細胞は、どんどん分裂して周辺の領域に細胞を送り出す。横の方に向かっては葉のもとをつくり、下の方向に向かっては茎の髄をつくる。

シュートの横からできる葉のもとは、表面から2層目の細胞がどんどん分裂して隆起を始める。そして上の方向に向かって成長し、短い棒のようになる。それがさらに分裂し、細胞の体積を増やし、専門分化して、葉の形づくりは先端から付け根の方向に向かって進行する。葉は、種によって幾何学的に規則正しい位置につく。これは、植物ホルモンのオーキシンが輸送されたり蓄積されたりする空間配置によるものだ。

新しいシュートができるときには、葉と茎に挟まれた部分から、芽が盛り上がってくる。その芽が成長して、新たな枝となる。

花からできるガク、花弁、オシベ、メシベといった複雑な器官は、葉から進化したものだ。これらが茎の先についたものが花であり、花もまた1つのシュートなのだ。

植物細胞は生物時計をもっていて、外界の光の変化で測った明暗の長さと時計を照らし合わせている。夜の長さは葉の時計で測り、花をつくるべき時期は芽の時計で測る。花の時期が来たと判断すると、フロリゲンという信号タンパク質を放出して、シュートが出てくる部分に花芽をつくる。フロリゲンは種によって異なっていて、日が短くなってくると花をつけるイネでは「Hd3a」、日が長くなってくると花を付けるシロイヌナズナでは「FT」というタンパク質が働く。

植物体とは、反復形成するシュートの集合体であり、シュートが特殊な信号を受けると、異形形成して花ができていくのである。

一方、根の方は、深い土壌の奥に潜った先端部に分裂組織をもっている。根の先端は土壌の粒子で傷つけられないように、根冠という部分が守っている。その次の層に始原細胞の集団があって、若い細胞をどんどんつくって送り出す。始原細胞の中心部にはじっとして分裂しない小数の細胞（静止中心）があって、これはシロイヌナズナではわずかに4細胞だ。この細胞は始原細胞に対して、専門分化しないで分裂を続けるようにという信号を送り続けている。

このように植物体は、空中に伸びた茎の先端と地中に潜った根の先端が分裂することによって成長する。細胞の塊に植物ホルモンのオーキシンよりもサイトカイニンが濃く働くとシュートが形成され、逆にオーキシンの方が濃く働くと根が形成される。

この項の最後に、種子についても見ておこう。種子にはランのように塵の粒子（20㎍）程度の微細なものもあれば、ココヤシの種子のように6 kgもあるものもある。

水分を失い乾燥が進むと、種子の細胞は休眠する。ミトコンドリアは縮小し、小胞体は崩壊し、リボソームは散乱する。やがて時期が来て吸水すると、小胞体は再建され、リボソームは多重に連なって連結し、ミトコンドリアは膨らむ。

植物によっては、種子からアリの食料となるみずみずしくて甘い物質を分泌するものもある。また衣服のようなものをまとう種子もあって、多くはそれが色彩豊かに彩られ、動物を引きつける。モクレンでは種皮は着色されるが、ワタでは種皮は飛行するための毛に変わる。ヒシの1種では種皮は空気袋となり、翼のように広がって、種子はゆったりと空中を飛行する。

動かない植物は、子孫を移動させるために、様々な戦略をもっている。1つの精子と1つの卵から始まった胚の細胞たちが、動物ではやがて眼や鼻といった器官の集団社会を形成していくように、植物の細胞たちもまた専門分化を重ねながら、可憐な花、赤く熟した果実、休眠に適した種子といった集団社会を形成していくのである。

第7章 動物は中空の袋が多様化した
――カイメンからクラゲ、そしてウニへ

海の無脊椎動物たちは、形而上学的な存在だ。海の中には、ヒトとは似ても似つかない姿に進化してきたために、私たちの常識を超越し、存在の不思議さを感じさせてくれる動物が満ち溢れている。深海に棲む白い籠を編み込んだようなガラスカイメン。あるいは、潮だまりの岩陰で、小さな口を開けた突起が火山のように連なっているムラサキカイメン。藍色の深海でゆらめきながら発光し、ふわふわ遊泳するクラゲ。緑色の平べったい円筒からくねくねと透き通った長い触手を突き出しているイソギンチャク。ひたすら細長く数十cmにもなって、紅色・黄色など鮮やかに彩色されたヒモムシ。鋭い針を放射状に張り出したウニの群れ。星の形をしたヒトデ。

遠くから差し込む銀色の太陽光の下で、夢の時間のような異世界を垣間見せてくれる。そしてどれもが、生物には無限の可能性と創造性があることを何よりも雄弁に物語っているのである。

1　カイメンは2つの個体が融合する

カイメンは、海底の岩に固着していて、ふわふわとしたスポンジのような動物だ。多くは壺状だが、まとまった形はもっていなくて、不定形である。ふわふわではなくてがっちりとした要塞を築いている種もあり、これらはガラスや石灰の骨で身を固めている。色彩も多彩で、赤色や黄色、あるいは紫色になったカイメンが海底を色とりどりに彩色する。

海底で固着してじっとしているので海藻のように見える。しかし、カイメンは動物だ。もっとも動物と言っても、神経系も筋肉もない。水を貯める皮膚もなければ、水を循環し排出する器官もない。細胞同士の接着も弱くて、軽く絞るとばらばらに乖離する。2つの個体をくっつけておくと、融合して1つになってしまう。個体としての明確な境界がないのだ。このような性質は、植物の生き方と少し似たところがある。

動かないで不定形で境界がないというのは、動物の常識に

カイメン（Wikimedia commons）

は反する生き方だ。このためカイメンは、細胞が群体をつくったものだと考えたほうが分かりやすい。なぜ動かなくてもよいのかと言うと、カイメンは海底に固着していて、流れて来るプランクトンを食べているからだ。自分が動かなくても、水流に乗って食料の方が動いてくる。そこを濾しとって食べるわけだ。まるでベルトコンベアに乗せて、寿司がやってくるようなものだ。

海の動物には、カイメン以外にも、岩や海藻に付着して植物のように枝分かれするコケムシのように、こうした固着性の動物は多い。カイメン全体は移動しないものの、身体の空洞側に鞭毛をもつ細胞があって、鞭毛を打ち振るって水流をつくり栄養を取り込んでいる。これを「エリ細胞」と言う。

このような特殊な生き方だが、カイメンは繁栄していて世界の海に9000種以上もの仲間がいる。淡水に進出したものもいる。8・9億年前の痕跡が発見されたのではないかという最新の報告もあり、最も早い時期に発達した動物だと考えられている。

2　エリ細胞は精子を食べて受精させる

カイメンは細胞の不定形な群体のようなものであり、単位となるのはあくまでも細胞だとは言っても、その細胞は意外に専門分化を遂げている。

カイメンの身体を構成している細胞には、形態から見て約10種類のものがある。まず身体の外側には表面を覆う扁平な細胞がある。これは、いわば表皮のようなものと言えるだろう。また身体は大きな空洞になっていて、その内側にエリ細胞がびっしりと鞭毛を振りながら捕食を行っている。空洞はいわば消化管のようなものだと言える。エリ細胞は、幹細胞に転換して、他の様々な細胞に変身することもできる。

表面と内側をつなぐ間には、その隙間を埋める柔らかなマットを分泌する細胞がいる。その間には、身体に硬さをもたらす骨片が散在していて、その成分を分泌する細胞がいる。水が出入りするための小さな穴を開ける細胞もいる。そしてマットの中では、アメーバのような細胞が這っている。細胞たちは、柔らかなマットや固い骨片につかまって仕事をしており、不定形の群体だとは言っても、全体として1つの個体のように機能しあっている。まるで表皮・消化管・中間組織のある動物のようだ。

カイメンは1つ1つの細胞をばらばらにしてやると、それぞれの細胞はアメーバ運動をして、再び集合して元の姿に戻る。同種同士だと融合してしまうのに、2種のカイメンをばらばらの細胞にして混ぜても、2種の集団に集合して、それぞれが元のカイメンに戻る。個々の細胞は、アメーバ運動しながら、同種の細胞に出会うと接着し、そうでないと離れていく。これは細胞の表面に細胞を接着させる分子をもっているからだ。その分子を接触させあって、仲間かどうかを見分けている。

カイメンには、卵や精子もある。雌雄同体の種が多くて、同じ個体が卵も精子もつくる。卵をつくる卵母細胞が、他の細胞から栄養を得る方法は原始的だ。食作用によって、他の細胞を食べてしまうのだ。そして自分でアメーバ運動をしながら移動する。

精子の方は、親の身体から放出されて鞭毛で泳ぎ、他の個体へと向かう。カイメンの多くは卵を海中に放出しないので、卵は親の体内に留まっている。このため精子は、水流に乗って他の個体まで辿り着き、その中に潜り込まなければならない。

個体の空洞の中に入った精子は、空洞の表面にある溝に着地する。するとここからが、カイメン独特の習性となる。溝の表面にいたエリ細胞が、精子を飲み込んでしまうのだ。このやり方も食作用を利用した原始的なものだ。飲み込まれた精子は、鞭毛を失っていったん休眠する。精子を飲み込んだエリ細胞は、自分の持ち場を離れてアメーバ運動し、卵母細胞に近づいて行く。エリ細胞は卵母細胞に到達すると、接触した部分に穴の道をつくって、精子を受け渡す。卵母細胞は2倍体のままだ。その後になって卵母細胞はさらに成長し、減数分裂を行って卵を生み出す。精子は、そのときになって目覚め、卵と核同士を合体させ、受精が成立するのである。

3　カイメン幼生に神経細胞の先駆け

カイメンが受精卵から胚へと発生していくのは、一般に母体の中だ。そうした意味で私たちと似た胎生である。石灰カイメンの発生を見ると、受精卵は分裂を繰り返して8個になったところで袋状になる。その袋の中央に開いた隙間に口が開く。やがて開いた口を通じて裏返り、内側だった面が外に出る。それまで細胞は内側に向けて鞭毛を生やしているが、反転して外側を向くようになる。そこでしばらくは母体によって養ってもらうが、やがて母体から脱出して泳いでいく。これがカイメンの幼生だ。

幼生は袋状になった多細胞生物であり、多数の鞭毛によって泳ぎながら成長する。つまり幼生は親のような不定形ではなくて、小さいながら立派に動物らしい姿となっているのだ。やがて幼生は、前端の部分でものに付着して、固着生活に移っていく。

このとき幼生の表層にある細胞たちの一部は、いったん鞭毛を捨てて、胚の内部に折れ込んでいく。そこで内側にもう1つ袋をつくり、袋の空洞側に向かって改めて鞭毛を生やす。こうしてカイメンの空洞側にエリ細胞の集団が登場するのである。

一方、胚の外側を包んでいる細胞集団は、そのまま表皮のような細胞になったり、身体の内部に落ち込んで骨片をつくる細胞やアメーバ様の細胞などに専門分化していく。カイメンには外胚葉も内胚葉もない。しかし、他の動物が外胚葉・内胚葉・中胚葉をつくっていく方式の先駆けのようなものと言えるだろう。

カイメンに神経細胞はないものの、後の動物で神経細胞や感覚細胞のもととなったと思われる細胞がある。それはカイメンの幼生がもっている「びん型細胞」だ。カイメンの幼生は、遊泳しながら固着場所を探さなければならない。そのときびん型細胞は、複雑な動物にある神経細胞と同様の遺伝子を利用している。またカイメンの成体でも、種によっては、沈殿物質があると神経インパルスのような電位変化が全身に広がって、鞭毛を静止させる。さらには、神経細胞の興奮に係わって接合部（シナプス）を肥厚させるタンパク質をもつものさえいるのである。

4　クラゲは睡眠をとり、ヒドラは喧嘩する

青白く透き通ったクラゲが海中にふわふわと漂っているのを見ると、水の化身そのもののようだ。ミズクラゲは透明なお椀を伏せたような形をしていて、その傘をすぼめて泳ぐ。自分では懸命に泳いでいるのだが、それでも魚やイカ・タコのようには敏捷な動きができない。このため結局は、潮の流れの行くままふわふわと波間に漂うことになる。そうした意味で、クラゲは傘の直径が2mにもなるエチゼンクラゲのように大きくても、プランクトン（浮遊生物）に位置づけられる。

カイメンは細胞の群体といった性格の動物だったのに対し、クラゲは個体としての性格を格段に増している。身体の境界は明らかで、カイメンのように他の個体と融合したりすることはない。

クラゲの身体は体表で外界を感覚・運動する細胞集団と、内側で食料を消化する細胞集団の2層に専門分化するのが基本だ。外側が外胚葉で、内側が内胚葉である。口は内側に向かって落ち込んでいるものの、肛門がない。開口部は1か所だけであり、そこから獲物の摂食もするし、残り滓の排泄もする。

身体はこうした単純なつくりであって、体内で血液を循環する循環系や、老廃物を捨てる排出系といった専門器官はない。しかしクラゲは、カイメンにはなかった神経細胞をもっている。長い神経細胞が散在して手をつなぎあい、脳はないものの、網目のような神経系を形成するに至った。

神経系が発達したことによって、クラゲにはいくつもの本能的な行動ができるようになった。クラゲは、機械的な刺激があったり海中の酸素が不足したりすると、上に向かって泳ぐ。塩分が低かったり、水面近くだったり、乱流があったりすると、下に向かって泳ぐ。また進む方向に岩や乱流があると、泳いで逃げる。同じ種類の仲間がいる海域には、残ろうとする。獲物の匂いのする海域には、留まろうとする。獲物を捕らえたときには、様々な方法で泳ぎ方を変える。

クラゲは接触や匂いを手がかりとして、外界を感知する。これを可能とするため、接触刺激と化学分子の受容体をもっている。また、光を感知する受容体もある。クラゲの中で特に進化した捕食性のハコクラゲになると、傘の周辺に24個もの眼をもっており、傘の4面にそれぞれ6個ずつの眼を配置している。6個の内訳は、上部にあるレンズ眼1つは上向き、下部レンズ眼1つが斜め下、2つのスリット状の眼が下向き、2つの穴状の眼が上向きとなっている。脳はなくても外界のあちこちを見るための眼はあるのだ。眼のあるクラゲは、眼から得る情報が多くなるため、そのストレス解消と情報整理のために睡眠までとる。

そして傘の下には垂れ下がった柄の先に平衡石があり、泳いでも身体が垂直の向きを維持するようになっている。口の周りには、神経細胞が密集した神経環がある。これは、感覚情報を統合し、ある程度は中枢的な働きをしているものと考えられている。

クラゲの属する刺胞動物のグループには、イソギンチャクなど水底に付着している生物もいる。しかしカイメンのように一度固着したら動けないというものではない。都合が悪くなると、ふだんは底面に付着している足を使って、別の場所に移動する。光を浴びせると、反対の方向に逃げていく。

刺胞動物の中で最も単純な身体をもっているのは、ヒドラである。ヒドラは淡水にいる体長1～2㎝程度の小さな動物だ。棒のような胴体の先端のあたりに口があり、そのまわりから放射状に何本もの触手が出ている。まるで骨だけになった傘が、強風で引っくり返ったような形だ。触手は小さくて細いにもかかわらず、筋肉があり、中に神経が通っている。

神経系のある動物のうち最も単純な身体のつくりと言えるが、それでも行動は意外に複雑だ。ヒドラは歩くし、とんぼ返りもできる。粘液の泡を使って、浮いたり沈んだりする。ミジンコのような獲物がいると、銛を発射する。死んだ獲物は食べない。満腹になると口を閉じる。光を浴びせると縮む。ヒドラとヒドラで喧嘩もする。脳もないのにちゃんと個体としてまとまっていて、動物らしい行動をとりながら暮らしているのだ。

ヒドラにはオスとメスがあって、表皮にある外層の細胞集団の下の方で、それぞれが精子または卵をつくる。専門の生殖器官がないので、精子と卵は表皮を突き破って穴を開け、外に出なければならない。一般の動物では卵と精子が受精すると、受精卵を保護するために周辺に「受精膜」という袋ができる。胚は受精膜の中で卵割を繰り返して、やがてその膜を破って出てくる。これが幼生の孵化である。しかしヒドラなど刺胞動物の多くやカイメンには、この受精膜がない。受精卵がそのまま幼生なのだ。

ヒドラやイソギンチャクの姿は、触手と口を上に向け、身体の下側にある足で水底に付着している。これに対してクラゲは、水底から離れて引っくり返り、触手と口の位置を逆転させて下に向けた。クラゲも幼生時代には、触手と口を上に向けて水底に付着している。このとき傘は底面の側だ。この幼生はストロビラと言って、お椀をいくつも重ねたような構造となる。その1つ1つが切り離されて成体となり、傘を上方向に逆転させて下から水を吐き出し、水中に泳ぎ出るのである。

5 イソギンチャクは光で学習する

クラゲの表皮に当たる外胚葉は、感覚し運動する細胞集団である。そして獲物を捕らえて、内胚葉である消化管の袋に送り込む。内胚葉は食料を消化する細胞集団である。循環系はないものの、その代わりに外胚葉と内胚葉の間にゼリーのようなマットが分泌されている。内胚葉は、このマットの中に栄養分を拡散することによって、外胚葉に送り届ける。コップクラゲでは、外胚葉から筋肉の塊のようなものが内側に向かって突き出してくる。これは中胚葉の先駆けであり、ここでは後の動物が中胚葉において用いる遺伝子が読み込まれている。

神経細胞のネットワークをもつということは、本能的な行動ができるというだけに留まらない。「学習」することもできるのだ。イソギンチャクに電気ショックと光を同時に当てる。それを繰り返すと、イソギンチャクに光を当てただけで触手を引っ込めるようになったケースがあった。勉強の成果が上がり、光を見ただけで電気ショックを予測したのだ。

こうした学習の能力は、応用の範囲が広い。空腹になったクラゲが、獲物を求めて行き当たりばったりに泳ぎ、やがてエビに接触すると、触手で絡めとって口の中に入れたとする。この行動を繰り返すうちに、クラゲはエビの匂いを記憶する。そしてほのかにエビの匂いが漂っているのを感知するだけで、そちらの方向に向かって泳いでいくようになるだろう。

個体がものごとを学習するようになるためには、感覚細胞・神経細胞と筋肉細胞の連携した活動が必要だ。たとえば匂いという特定の刺激が引き金になって、過去の記憶が甦り、ネットワークの連携活動が再起するわけだ。ハコクラゲの場合は匂いばかりでなく、眼で見た光の情報も引き金になることだろう。経験を繰り返すうちにその特定の刺激が強化される一方で、それ以外の刺激に対する注意力・敏感さは低下するようになる。やがて特定の刺激があれば、それがたとえ弱い刺激であっても、すかさず連携活動ができるようになる。

このようなことができるのは、神経細胞の敏捷な信号伝達によるところが大きい。神経細胞の接合部は、繰り返し同じ刺激を受けて反応していると肥大して、情報の伝達速度を上げるようにできている。この特性によって学習し、記憶が形成されるのだ。

もっともイソギンチャクやクラゲが学習によって素早く行動するようになるとしても、まだそれは単線的なものにすぎない。ときには匂いと光が複合されることもあるかもしれないが、そこまでだ。匂い・接触・光・音といったような様々な情報を総合して、立体的な世界の像を描き、認識することができるようになるには、膨大な数の神経細胞が集積された脳という中枢が、どうしても必要となってくるのである。

6　ウニは五放射相称の管で歩きまわる

ウニというのは幻想的な動物である。丸まった球体に多数の長い棘が生えたイガグリのような姿をしている。しかしイガグリと違って、この棘は動かすことができる。また管足という多数のくねくねした管を突き出して歩くこともできる。海辺で身近な動物だというのは繁栄しているということだ。世界中に1000種近いウニ類がいる。

丸まった身体つきなので、どこが頭でどこが尾なのかも分からない。しかし、地面に接着した身体の下側に複雑な口器をもっている。レールのような隆起に細長い弓のような歯が滑走するようにできていて、これで海藻を切り、こそげ取って食べる。

地面に接着する口から消化管がうねうねと曲がりながら上に登って行き、最も上側に肛門が開いている。私たちの身体との対比で言えば、頭を地面につけて逆立ちしているようなものだ。

ウニの体内の中心では、体液の詰まった管が輪になっており、そこから5方向に放射状の管が伸びる。この特殊な構造を「水管」と言う。水管は、ウニにとっては管足を出して動き回るためだけでなく、呼吸や摂食、排出をするための重要な器官である。私たちにはこうした器官がないので想像もできないが、たとえて言えば血管がうねうねと身体中から触手のように突き出して、それを使って動き回るようなものだろう。

ウニの外形で最も特徴的なのは、体表の殻を覆っている棘だ。棘は種によって短いものも長いものもある。ガンガゼでは、殻の直径6～7㎝に対して、棘だけで30㎝もある。イガグリどころではなくて、まるで超新星爆発のような形状だ。しかもその棘の先端には毒があって、敵に刺さると折れて抜けなくなり、激痛を与える。ちょっとでも知能のある動物なら、こんな恐ろしいものに近づきたくないだろう。おまけにガンガゼは身体の上部から突き出した肛門をわざわざ黄金色に輝かせて、近づくものに警告を発している。

ガンガゼ（Wikimedia commons）

このようにウニは私たちとは似ても似つかぬ姿をしているものの、昆虫やタコなどよりもむしろ私たち脊椎動物に近縁なところにいる。動物の系統は大きく2つのグループに分かれる。細胞社会が形態形成をする過程で、真っ先に口をつくるのが昆虫・タコなどの「前口動物」のグループだ。このグループでは、後で肛門ができる。これに対して最初に肛門をつくって後で口をつくるのが、「後口動物」のグループだ。ここにウニ・ヒトデ・ナマコなど棘皮動物や、私たちを含む脊椎動物が属しているのである。

7　ウニの精子と卵は対話する

ウニにはオスとメスの区別がちゃんとある。ウニの繁殖の季節は、一般に6月から8月。ウニの身体を割ってみると、中に大きな黄色い生殖巣がある。私たちが食べるのは、この部分だ。繁殖期になると、メスは卵を水中に放出する。オスは、うねうねとつながった何本もの糸のように大量の精子を放出し、それが水中に拡散していく。

最初の出会いのときから、精子と卵は対話をする。それはまずお互いが少し離れたところにあるときは、化学分子によるものだ。卵のまわりに透明で厚いゼリー層があり、そこから発散される化学分子が、精子に卵の位置を知らせ、精子を引きつける。

ゼリー層に到達すると、今度は精子の方が頭部にかぶった帽子（先体）から化学分子を放出して、卵を保護するゼリー層を溶かしながら卵に接近していく。

精子は接近して、自分の頭部の細胞膜を卵の細胞膜に接着させる。精子の頭部には、種に固有のタンパク質があって、卵が同種であるかどうかを確認する。ウニの場合、このタンパク質は、レクチンの一種バインディンだ。こうした仕組みは、私たち哺乳類でも同様であり、異種との受精を防止するようになっている。この一連の流れを「先体反応」と言う。ちなみに、この重要な反応を発見したのは、わが師・団まりなの母上（発生生物学者・団ジーン）であった。

そしていよいよ精子と卵の合体である。1匹の精子が卵を包む膜に頭を潜り込ませた瞬間、卵の表面の膜電位が変化して電光石火で波が走り、他の精子はもう潜り込めなくなる。そして受精後1分ほどで受精膜が張られ、他の精子を拒否するようになる。

8 中空の球になって身体の「内と外」が決まる

精子と卵という2匹の生物が合体したものの、精子の核と卵の核は、まだ別々のままだ。精子は卵の中に潜り込んだときに尻尾を捨てて核だけの姿になり、卵の中心部に向かって進む。精子の核と卵の核は互いに接近すると、突起を出して急速に融合し、2つの核が合体する。それまで2匹だったときは、染色体を1セットだけもつ1倍体の生物だった。しかし核が融合することによって、染色体を2セットもつ2倍体となり、ここで完全に1匹の生物に合体したのだ。

受精卵は直ちに染色体の複製という作業を始めて、染色体は4セットになる。次に、前に見た「公平分配システム」が、染色体を2セットずつ、左右に分ける。すると細胞は内部にある繊維によって中央からくびれていき、縦に分裂する。「卵割」である。

それから先は極めて短時間のうちにどんどん分裂して、細胞は数が増えることになる。もう一度縦に分裂して4細胞になり、次に横に断面をつくって分裂して8細胞になる。しかし胚全体が大きくなることはなくて、細胞の大きさが小さくなっていく。

4細胞の頃の細胞の1つをばらばらに切り離して取り出してやると、小さいけれどもほぼ完全な4匹のウニ幼生が発生する。この時期には細胞はまだ専門分化していなくて、万能性を保ったままなのだ。なぜ4匹が小さいかというと、それは栄養の問題なのであって、卵黄が4つに分割されてしまうからなのだ。

胚の8細胞は横断面で分裂したので、上側に4つ、下側に4つの細胞がある。そして次にもう1回分裂して、16細胞になるときに変化が起こる。下側の8細胞のうち上の4つが大きく、一番下の4つは極めて小さくなるのだ。8細胞までは均質な細胞だったが、16細胞以降は均質でなくなっていく。

これが32細胞となると、上側では横に割れるが、下側の大きい細胞は縦に割れる。そして一番底の小さい4細胞を囲むようになる。この時点ですでに細胞たちは、自分の位置を確かめながらさかんに信号を送りあって対話しているわけだ。底の4細胞の方は、再び上が大、下が小という風に分裂していく。実は底の方にいる小さい細胞は、後になって内部に潜り込む細胞たちなのだ。

一番底の小さい4細胞だけはそのままでいる一方で、他の細胞はもう一度横分裂するので、合計60細胞になる。細胞がぎっしり詰まっていて、桑の実に似ている。

さてここまでは大きな受精卵が分裂を繰り返し、小さな細胞ができていく過程だった。しかしこのままでは大きくなることも、動き回って栄養摂取することもできない。

そこで次に細胞たちは、内部に水を貯めた空間をつくり出す。細胞たちは、隣りあった細胞と手をつなぎながら1枚のシートとなり、中空の袋となっていく。袋と言っても出入り口があるわけではなくて、閉じたボールのような袋だ。体の中に包み込んだ空間は、外部と接触することがない。ここま

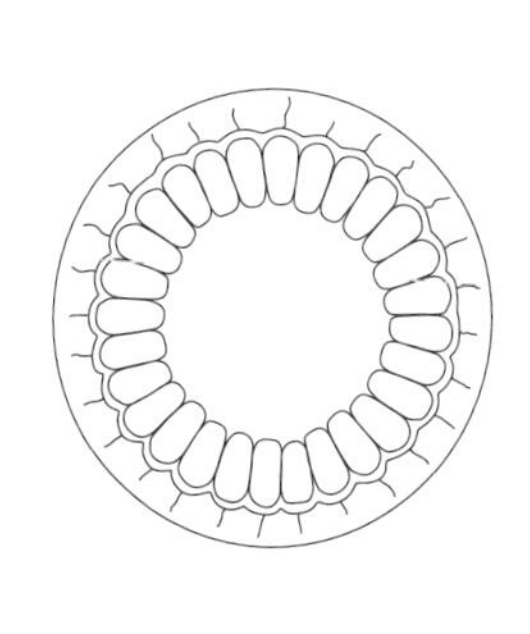

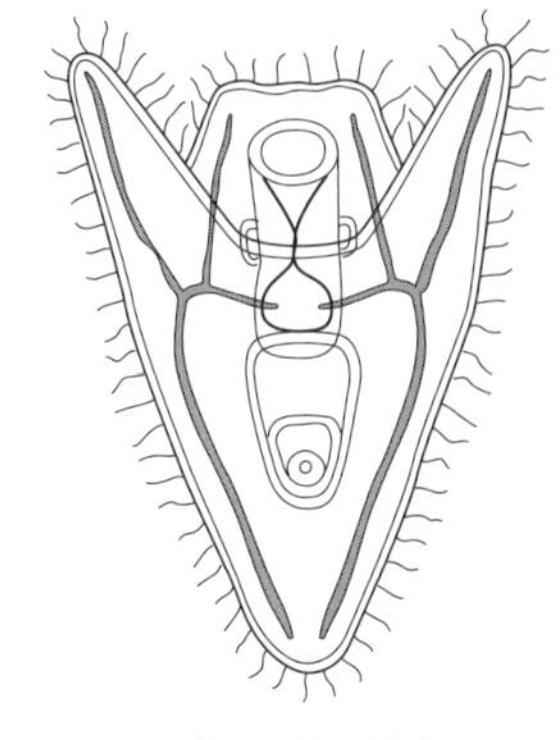

図４　胞胚（断面）：プルテウス幼生

でバフンウニでは受精後約15時間。細胞の数は約１２０個から５００個だ。この中空のボールのことを「胞胚」と言う。

細胞の集団が１つにまとまって多細胞社会をつくる上で、胞胚というのは重要な地点だ。それ以前は細胞同士の対話があるとはいえ、細胞は細胞単位で生きていた。細胞の群体である。細胞同士の結合は弱くて、胚と他の胚を接触させると、カイメン同士のように容易に融合してしまう。

ところがいったん閉じた中空の球になると、そうはいかない。細胞同士ががっちりと結合して、他の胚と接触しても混じるのを拒否する。それだけではない。閉じた空間を包み込んだので、細胞集団には外部と内部ができることになる。１層だけのシートに、表側と裏側ができるのだ。

胞胚には、細胞の表側に繊毛が生えてくる。個々の細胞は、頭側を外界に突き出しており、尾側を内部に向けている。どの細胞も整然と同一の方向を向いていて、逆向きになった細胞などはない。つまり細胞集団は、1つのまとまった多細胞の個体をつくろうと、手を結びあって境界を確定したのだ。多細胞動物としての統合的な一体感、「内と外」の感覚は、胞胚のときに生じるものと考えられる。

1枚の袋が球形となった。胞胚以降、動物の身体はそれを複雑に折り込んでいく過程である。胚は空間を包んでいる袋を内側にくびれ込ませ、細かく分岐させながら消化管をつくり、さらに内臓や血管をつくっていく。このとき胚は、変形しながらも、外界側（表側）と組織側（裏側）を取り違えることはない。消化管の空洞の内側は外界だ。そこでは細胞の頭部は、外界を向いている。

私たちの身体ができるときも、この「内と外」の関係は、厳密に守られる。消化管からは腸や肺ができるが、これらの臓器でも管の空洞側は外界であって、「内と外」の関係はそのまま維持される。血管が形成されるときでさえも同様だ。血液が流れる管の中は空洞であり、細胞にとって外界側だ。血管の細胞が他の組織と接する奥の方が、裏側となる。この関係は、細かく分岐した毛細血管であっても変わらない。

胚の細胞シートはどれほど身体が複雑になっても、いったんできた「内と外」の秩序を崩すことがない。細胞シートの一部が切れて内部側が露出したり、シートが裏返ったりすることはない。怪我をして内部の組織が外部側に一部露出すると、細胞たちは直ちに修復作業を始めて、シートの内側に閉じ込める。もしも内部が露出したままの組織があるとしたら、それは死んだ組織なのである。

私たちの指の先をちょっと見てみよう。私たちの手のひらには掌紋があり、指の先には指紋がある。この指紋の皺の1つ1つを拡大してみると、皺には「乳頭」という凹凸があり、その乳頭には「細胞表面」の皺の凹凸がある。それでは「細胞表面」はどうかというと、さらに細かな突起である「細胞突起」が集まって凹凸になっている。そして「細胞突起」の先端は、「ヘミデスモソーム」という微細な接着装置となっているのだ。このように微細構造の突起が外界を間違えないで、何重にも入れ子構造になっているのが指の表面なのである。

そして私たちの身体はどんなに複雑な構造に発達していこうとも、細胞シートの向きは「外界側と組織側」で一貫している。指の指紋構造も、できていく過程で内外の関係が乱れることはない。1つの細胞のレベルでは、細胞膜による「内と外」があり、1つの細胞は、細胞膜を内部にめり込ませていって小器官をつくった。これに対して多細胞動物のレベルでは、細胞たちが共同してつくったシートが、もう一段上位の「内と外」を形成する。多細胞動物は、胞胚の細胞シートを内部にめり込ませていって器官をつくっていく。ここでは、「内と外」の関係が入れ子構造になっているのである。

9　ウニ幼生が滅びて成体が出てくる

ウニにとっての孵化は、いつ起こるのだろうか。それは、細胞1層だけの胞胚の段階で起こる。細胞数が約800個になる頃、受精膜の中で胞胚は繊毛を動かして回転を始める。そして酵素を分泌して受精膜を溶かし、海水の中に泳ぎ出る。この時点で受精後19時間から23時間。受精してから1日も経ないうちに孵化するわけだ。

この段階では胚は、繊毛の生えた一層の球状の袋にすぎない。しかしやがて前方の繊毛が長くなる。その頃、胚の一番下の方、球の底にいた細胞たちの中から、一層だけだったシートの内側に潜り込むものが出てくる。最初に潜り込む細胞たちは、ごくゆっくりとアメーバのように這っていき、細胞の先端を丸く膨らませて突っ込みながら潜り込む。するとその細胞と手をつないでいた隣の細胞たちも引っ張られて、シートから奥に陥入を始める。胚全体は、ゴムボールから空気が抜けてへこむようにして、1つの地点からどんどん内側に陥入する流れができる。

陥入した細胞集団は、胚の内部で一層の袋となっていく。陥入した袋は空洞側が外界であって、そちらに向けて繊毛が生える。これが消化管の原型「原腸」だ。こうして受精後32時間経つ頃には、胚は2層の袋となっている。内側にめくれ込んだ袋が「内胚葉」、元からある外の袋が「外胚葉」である。

袋状になった原腸は、胚の上方に向かってどんどん長くなる。そしてついには外側の層の先端に到達する。すると今度は外側の層の方が陥入してきてつながり、口が開く。これで両端が開き、1本の管となった。最初に下側から陥入を始めた部分が肛門であり、後で上側に開いた部分が口である。この順番がヒトを含む脊椎動物でも同じなのだ。一方で昆虫・タコ・ミミズなど幅広い門の動物では、これとは逆で、最初にできた部分が口になり、後で開いた部分が肛門になる。

さて、こうなる過程の途中、まだ口が開かないうちに原腸の先端からは、ばらばらと遊走する細胞たちが出てくる。遊走すると言っても、泳ぎ出るわけではない。体液に満たされた胚の内部空間に向けて、他の細胞層やマットにつかまりながらアメーバのように這い出してくる。これが「中胚葉」のもとの細胞群である。

これらの細胞は、隣の細胞とがっちり手をつないだ状態ではなくて、ゆるく接触しながら動き回る。私たちの身体の中で、白血球がアメーバ運動をするようなものだ。

受精後3日経つ頃には、ウニの幼生はピラミッド型になる。幅広くなった底面に肛門があり、上方がすぼまって突き出し、そのやや側面に口がある。原腸は3つの部分にくびれて、食道・胃・腸となる。消化管が完成するので、単細胞生物を獲って食べることができる。少し前から、体内の細胞たちが分泌した炭酸カルシウムによって骨片がつくられている。また体表のところどころに色素を形成する細胞ができる。

いったんピラミッド型となった幼生は、次の段階で「プルテウス」と呼ばれる長い腕を伸ばした幼生に変身する。体内で骨格が伸びるにつれて腕が伸び、最終的には8本になる。この結果、身体は長い腕を突き出した逆三角形の画架(キャンバス)のようになる。幼生の形は左右対称だ。消化管は、口・食道・胃・腸・肛門がはっきりする。口と肛門は体内でU字型につながり、プルテウスの片側の面で両方が開いている。ここまでで、ピラミッド型幼生から約2日間だ。

さてこのように泳ぎまわる左右対称の幼生から、どうやってイガグリのように頭を地面につけた五放射相称成体になっていくのだろうか。それは全く不思議なことに、私たち脊椎動物の発生の仕方とはまるで違う。ウニは「変態」するのだ。

変態は、幼生の内部に成体となる小さな細胞集団が登場することによって始まる。この細胞集団のことを「ウニ原基」と言う。芽のような原基が幼生の身体の中で成長していって、やがて幼生の身体にとって替わるのだ。

8本の腕をもつに至ったプルテウス幼生の体内で、消化管の一部が突き出してきて、新しく小さな袋をつくる。また幼生の表面では左側の細胞層が陥入して袋ができ、内側の袋を包む。こうして二重の袋が形成されると、これがウニ原基だ。

続いてウニ原基の袋の表側に、5本の管足ができる。これが五放射相称となる成体の基本形だ。袋の空洞側には多数の棘が形成される。しかし最終的には棘は、外界側を向かなければならない。このため、ウニの幼生体は退縮していき、ウニ原基の袋は、靴下を引っくり返すように外側に向かって反転する。

このようにしてウニの成体ができる。このとき幼生の身体の左側が、成体の口側になる。身体の軸が90度回転し、無事に口が地面に接するようになる。90度回転するとは奇妙に思えるものの、私たちだって這い這いする赤ん坊から、90度回転して二足歩行するようになったのである。

幼生の身体の中にできた芽（ウニ原基）が成長して、成体となった。幼生の身体は捨てられて、それによって姿を大きく変貌させた。このような発生の仕方は、私たち脊椎動物にはないので実感がしにくい。強いて言えば、母親の体内で次世代の胎児が育つのに似ている。しかしウニの幼生の中で育っているのは、新しい遺伝子をもった子供というわけではない。ウニの細胞は、同じ遺伝子をもつ多細胞社会の中で、クローンとしての分身を築き上げ、そして外界に送り出して行くのである。

第8章 昆虫は変態し百花繚乱となった

私の友人が森の中を散歩していたときに、肩の上に巨大なジョロウグモがゆっくりと降りてきた。彼とジョロウグモは、目と目が合って見つめあい、友人は恐怖で凍りついたという。クモの方も、豊かな表情は見せないものの、彼の巨大な顔を間近に見て、仰天していたかもしれない。

生物の進化を「認識力の向上」という観点で見てみるとすれば、最初に遠距離まで見通せる眼をもって「意識」を備えたのは、節足動物だった。意識というのは、私たちが覚醒したときに備えている何かに集中した心的状態である。5億4100万年前から始まる古生代カンブリア紀には、すでに立派な複眼を備えた三葉虫が登場する。三葉虫には意識があったものと考えられる。

遠くまで見える眼があれば、獲物も天敵も見えるし、異性も見える。摂食も繁殖も有利となった節足動物は、世界中に広がった。中国澄江から出土するカンブリア動物のうち、個体数にして実に9割以上が節足動物だ。現在でも既知の動物140万種のうち、節足動物が8割を占める。動物界は、意識が百花繚乱と咲き乱れているのだ。

一方、生物の進化を「生息圏の拡大」という観点から見ると、最初に空中に羽ばたいたのは、昆虫だった。もともと海底の泥の上を這いまわっていた動物は、やがて身体をくねらせて遊泳する器官を開発し、水中に進出した。それから海上に出て、次に身体のつくりを変化させて、陸上に進出した。ここまででも壮大な冒険だが、昆虫たちはさらに、翅を開発して遥かな空に進出したのだ。空中には、植物たちが動物に奪われないように高く持ち上げた胞子があった。

昆虫が飛翔したのは、3億2000万年前の頃だったと化石から推定されている。やがて翼竜が昆虫や魚を求めて空中に羽ばたいたのは、1億年も後のことだ。鳥やコウモリが飛翔するのは、さらに後の時代になる。無数に繁栄した昆虫たちは、1億年もの間、ぶんぶんと飛び交いながら、広大な空という生息圏を独占していたのだ。

1　完全変態する昆虫が8割以上

ここで私たちは、生物界で最もドラマチックな発生の現象を目の当たりにすることとなる。昆虫の「変態」だ。丸く黄色い卵が孵ると、細長くてもぞもぞ這いまわるイモムシになる。それがやがて木の肌や小枝そっくりの動かない茶色のサナギとなる。そこまでは比較的単純な形態をした生き物の変遷だ。

しかしやがてサナギの殻を破って出てくるチョウは、鱗粉で虹色にきらめく4枚の翅をもっている。それだけではない。巨大で周辺をぐるりと見渡せる複眼や、外界の信号をキャッチする長い触角、花の奥深くに差し込んで蜜を吸い取る口吻を備える。いきなり驚異的に彫琢された芸術作品となって出現し、ひらひらと空中に飛び立っていく。このような華麗で劇的な変身が、いったいどうやってできるものなのだろうか。

節足動物の様々な系統を見ていくと、発生の仕方そのものが多様であることに驚かされる。海に棲むフジツボ、ケンミジンコ、オキアミなどの甲殻類は、「ノープリウス」という脚や触角のある複雑な形態の幼生となって、卵から孵化してくる。微小だが節のある多数の長い脚をぴんぴんと振りながら水中を泳ぐ透き通った姿は、まるで生きているダイヤモンドのようだ。

モルフォチョウ（Wikimedia commons）

ところが陸上では、ノープリウスの姿を繰り返すものはいない。クモやムカデは卵の中で、成体の姿にまで整えてから孵化する。一方でハチやチョウは、卵から孵化した段階ではイモムシだ。その姿は、節足動物の祖先に近いカギムシの姿に戻っているように見える。

昆虫で完全変態する種は8割以上にのぼる。一方でバッタ、ゴキブリ、カマキリなどは不完全変態であり、成虫の姿のミニチュアとして卵から孵化する。実は不完全変態の昆虫の方が歴史的には古くて、古生代においては巨大トンボをはじめとして、大繁栄を遂げていた。しかし古生代末期に大絶滅が起こり、9割以上もの生物が死滅した。そのときに壊滅的な影響を受けずに生き残ったのが、サナギになってから完全変態する昆虫だった。彼らはその後の祖となって樹状分岐の枝を広げていったのである。

2　核だけが大急ぎで分裂する

昆虫の卵は、直径が1㎜もある。これは通常の体細胞の実に100万倍もの体積をもっていることになる。哺乳類の卵も大きいが、昆虫よりはずっと小さくて、直径0・1㎜で体細胞の1000倍程度といったところだ。

昆虫の卵は1つの細胞にすぎないのに、すでにちゃんと頭になる方向、背と腹になる方向が決められている。卵は受精する前の段階で、すでに昆虫になるためのミニチュアなのだ。その方向を決める物質というのは、どうやってつくられたのだろうか。

これは昆虫の種にもよるが、ハエ、ガ、カメムシ、アメンボなど多くの種では、哺育細胞という昆虫に特有の細胞がいる。この専門家がメッセンジャーRNAを合成し、卵の中に送り込んでいく。これが方向を決める物質だ。卵を送り出す卵管の中には、出口に近い方から1つだけの卵とたくさんの哺育細胞が並び、それをたくさんの濾胞細胞が包んでいる。卵は前後の細胞に養われながら、大きく肥大していく。

受精してから幼虫までは、ショウジョウバエでわずか22時間ほどだ。

ショウジョウバエの発生の様子を見てみよう。昆虫の卵は2枚の膜で保護されている。外側の膜は卵を保護する殻であり、このおかげで卵は水没しても大丈夫だ。もう1枚の膜は卵の細胞質を覆っている。細胞質には、表層に小さな顆粒が散在しており、その奥側には卵黄が詰まっていて網目状につながっている。

卵の一番上の方には、精子が侵入するための穴がある。卵は核の分裂の準備をしながらも途中で停止した状態になっていて、精子が侵入すると分裂の進行を再開する。

受精後の卵割は、他の動物にはない独特のものだ。ウニで見たように、一般の動物では、受精卵が2つに分裂し、次に分裂して4つになるというように、倍々で増える。ところが昆虫は細胞の数を増やすことをしない。1つの受精卵のままで、核だけを分裂して増やすのだ。被子植物の胚乳で見たような多核体になるというやり方だ。

そのスピードは非常に速い。クロバエでは5分に1回核が分裂するし、キイロショウジョウバエでは9分半に1回だ。増えるにつれて、多数の核が卵の表面に近づき表層に分布する。そして核が数千個になったとき、核と核の間に細胞膜をつくっていく。この結果、核が区画されるので、初めて多細胞体らしい姿となる。細胞は卵黄の上で、一層で互いに手をつないで全体を覆い、卵を包む袋となる。これが「胞胚」だ。

この一層の細胞集団は、胞胚の下方で分裂増殖して層が厚くなる。この部分は、やがて最も大切な胚とそれを包む羊膜になっていく部分である。羊膜には、羊水が溜めてある。それ以外の部分は全体を包んで保護する膜（漿膜）となっていく。陸地で乾燥から胚を保護するために羊膜や漿膜をつくったのは、私たち脊椎動物と発想が同じなので驚かされる。しかも、昆虫の方がずっと早かったのだ。

細胞集団が分裂を進めるにつれて、胚の腹側の膨らんだ部分の中央で、細胞が陥入し始めて溝ができる。陥入するのだから原腸をつくるのかと思うと、そうではない。陥入して最初につくる内側の層は、中胚葉になっていく。中胚葉は後に筋肉や血球・心臓・生殖巣などをつくる奥側の層だ。卵黄にまだ栄養がたっぷりあるので、急いで腸をつくらなくてもよいから、まずは身体全体の基本をつくるということなのだろう。

次に胚の腹側の中央両側に、大きな丸い細胞ができる。これらの細胞が何度も分裂してから、やがて神経細胞になる。昆虫の神経系というのは私たちのように背中側にあるのではなくて、逆に腹側に走っている。したがって腹側に神経系ができるわけだ。

腹側にできた膨らみは、左右の側方に伸びていく。次に背中側に向かって伸びながら上がって行き、背中の中央線のところで左右が出会い結合する。これが、外胚葉だ。その奥側にあった細胞集団は、左右から合体し管をつくる。これは中胚葉であり、心臓になる。その頃になって、ようやく消化管のもととなる内胚葉が出てくる。口と肛門の位置の両方からリボンのように伸びてきて、細胞集団が連結しあい、1本の管となる。つまり昆虫では、消化管は3胚葉の最後になってできるのである。

この段階で、胚の全体の形は、それまで球形だったものがだんだんと伸びて、円筒のようになっていく。やがて円筒にいくつもの縞模様が入り、それが1つ1つの体節となる。円筒形がいくつもの体節に区切られていくと、その姿はイモムシの基本形だ。そして体節ができてから、その中に様々な器官をつくっていく。

3　幼虫の身体の中に成虫の芽

幼虫が円筒のような単純な身体になるまでのことは分かった。しかしそんな身体から、どうやって成体の翅や脚を含むあの彫刻のような複雑な形態に変わるのだろう。

その秘密は、胚の内側に形成される成虫の「原基」にある。原基というのは、ウニで見たのと同様に、後の身体や器官のもととなる小さな芽のようなものだ。

成虫の原基は、幼虫の身体の左右に複数形成される。原基は、一層だけだった胞胚が内側に陥入して行くときにできる。それぞれの原基となる細胞の数は、最初はわずかに20個から40個程度だが、幼虫の発生までに、約1000倍に増殖する。胞胚の表面だった側がめり込んできて、原基の袋の内側となる。これらの細胞が手をつないで潰れた袋状になり、幼虫の真皮の下や消化管でいったん休眠する。昆虫の成虫原基は19個あって、脚、頭、胸、翅、触角、複眼、生殖器などについて、それぞれ原基が決まっている。そのうち9対が幼虫の身体の両側にあり、1つが中心線上にある。

そしてサナギになるときに、幼虫の身体の成虫原基以外のほとんどの部分は、いったん分子レベルまでばらばらに分解される。残るのは一部の神経と排泄を司るマルピーギ管などだけだ。細胞を構成していた材料は、成虫の組織を編成するために再利用される。この凄まじい再編成をどうやって成し遂げるのかというと、それはウニの発生で見たのに似て、成虫原基の袋が成長して、くるりと裏返る

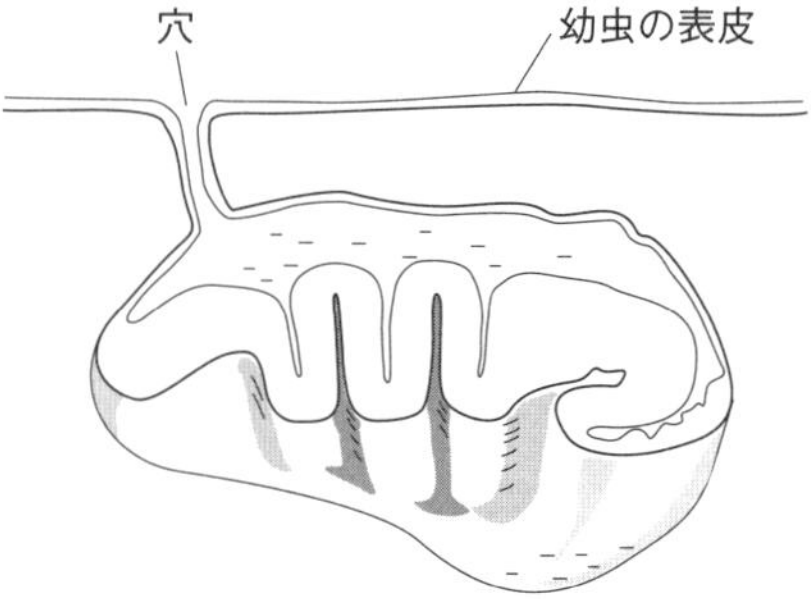

穴
幼虫の表皮

図5　成虫原基

のである。ここでも靴下を引っくり返すように、内側と外側をめくり返して成体になっていくのだ。

昆虫の変態について、ホルモンの作用という観点から見てみよう。内的な発生プログラムの進行に加えて、栄養・温度・光といった外的条件が整ってくると、脳からホルモンが放出され、前胸腺という内分泌腺を刺激する。すると前胸腺はエクジソンというホルモンを分泌して、全身にシャワーのように送り出す。次にそこで読み取られた遺伝子が起点となって、少なくとも数百個もの遺伝子が読み取られていく。

身体中に浴びせられたエクジソンは、それまでの表皮を破壊して、新しい表皮を形成することを促す。こうして昆虫の劇的な変態が進行する。

エクジソンとは逆に、変態を阻止するホルモンもある。幼若ホルモンと言って、内分泌腺の「アラタ体」から放出される。若齢の幼虫のうちは、幼若ホルモンが働いているので、変態はしない。しかしその時期でも、アラタ体を除去すると、変態して小さな成虫になってしまう。一方、自然状態では最終齢になると、エクジソンの指令によって幼若ホルモンの分泌が停止し、変態を開始する。その時期の幼虫であっても、アラタ体を植え付けると、奇怪なことに変態しないで、巨大なイモムシができてしまうのである。

4　寄生生物フクロムシは一生のうちに何世代も経る

節足動物のように脱皮する動物は、元の姿を脱ぎ捨てて変態することができる。それまでに体内で新しい芽を育てていけばよい。寄生生活する動物の中には、この性質が極端にまで特殊化したものがいる。カニに寄生する「フクロムシ」を見てみよう。

フクロムシは、海岸の岩などに付着するフジツボの仲間（蔓脚類）に属する。しかし形態はフジツボとは似ても似つかない。フクロムシの成体は、カニの身体の中に寄生し、細長い触手を伸ばすように成長して、木の根のように分岐した細長い形になる。

泳ぎまわる幼生ノープリウスから固着するキプリスとなるところまでは、フジツボと同じだ。しかし次の段階からが異なる。キプリスは変態して「ケントロゴン」という幼生になる。ケントロゴンの身体の中では、驚くべきことに、センチュウのような小さな幼生ができている。第1世代の最終形態であるケントロゴンは、注射針のようなものをカニの身体に突き立てて、この幼生をカニの体内に注入する。

この第2世代幼生の役割は、注射針を通り抜けてカニの体内に入ったところで終わる。幼生は分解し、通常1つの細胞だけが生き残る。生き残った細胞は、なんと第3世代だ。その細胞がカニの体内で発達して、恐るべき寄生虫の成体となるのだ。

最初は1細胞だけだった第3世代は、移動して適当なところに固着する。そして多細胞体となって、カニの身体の中で細長い木の根のように伸びて行く。やがてついにカニの神経系に到達すると、カニの生殖能力を奪う。この部分を「根状部」と言う。

フクロムシにはもう半分の身体があり、それはカニの身体の外に出て「体外部」となる。体外部はカニの腹の下部に出現して、カニの卵塊と同じ袋のような形状となる。実はフクロムシの卵巣と卵だ。カニは神経を侵されていて、フクロムシの体外部が自分の卵だと思い込み、新鮮な海水を送ったり、掃除したりして世話をする。

ここまでは、メスの話だ。オスのフクロムシは、身体の内部に「トリコゴン」という小さな第2世代幼生をつくる。キプリスから出たトリコゴンは、それがオスの成体になっていく。オスは、小さいままでメスの身体に寄生して、精子を生産する。

メスのカニがフクロムシの卵の世話をするのも悲惨だが、オスのカニが寄生された場合には、さらに悲劇的だ。フクロムシは、オスのカニをメスの身体つきに変化させる。脱皮するたびに、オスの特徴が薄れ、腹部には卵を抱くような窪みができる。そしてカニはフクロムシの卵を抱いて、メスのように世話をするのである。

5　生殖細胞は遠くから歩いてくる

昆虫の胚が幼虫となり成虫となるにつれて、体細胞はだんだんと専門分化する。これに対して生殖細胞だけは、成虫になっても専門化してはならない万能細胞である。このため、すでに専門化した生殖器の中で、生殖細胞がつくられるのではない。遠くに隔離されていた生殖細胞が、自分で歩いて生殖器の中に入ってくるのである。

まず、どの動物でも受精卵が分裂を始めた後、ごく初期の段階で生殖細胞のもととなる細胞（始原生殖細胞）が選別され、他の細胞と混じらないよう別の場所で保護される。しかも活発に専門分化する細胞から信号を受け取らないように、なるべく離れた場所に保管される。

どの段階でこの細胞が選別されるかは、動物によって異なる。昆虫では、胞胚をつくる時期にすでに分離されている。この細胞は、最初の頃、胞胚の外にいる。そして胚が発達して消化管がつくられ始める頃になると、自分で胚の中に入って行き、歩きまわって生殖器に到達する。

生殖細胞と体細胞とで、染色体が異なっている動物もいる。ウマカイチュウでは、初期の卵割をするときにすべての染色体を引き継ぐのは、生殖細胞のもととなる細胞だけだ。これに対して一般の体細胞は、染色体の一部を捨てて身軽になる。昆虫のタマバエの1種では、生殖細胞のもとの細胞は染色体を40本もつのに対して、多くの体細胞は32本を失って、わずか8本の染色体をもっているだけだ。

ある意味で、身体というのは生殖細胞の乗り物にすぎない。一般の体細胞の方は、子孫を残すことがない。アリの巣の働きアリたちと同じだ。女王はあくまでも生殖細胞なのだ。体細胞たちは大挙して身体という社会をつくり、特殊な器官をつくり、捕食し、交尾行動をする。それもこれも女王を育て、そして女王に1倍体の精子や卵をつくってもらって、次世代につなげるためなのだ。

生命の本質が自己の存在を永続させることにあるのだとしたら、花を咲かせる植物も、飛び回って交尾する昆虫も、あるいはあなたも私も、生殖細胞という女王に仕えている働きアリのような下僕にすぎないのかもしれない。

6　昆虫は体節が変化して複雑化した

昆虫の一見複雑に見える身体も、体節という基本単位からできている。体節は、玩具で言えば積み木の1つ1つのようなものだ。体節ごとに筋肉があり神経節があり、内部を包むための膜がある。そして体節からは脚が出る。原始的なムカデは、こうした体節がひたすらずらりと並んだものだ。多くの動物がこのような繰り返し構造となるのは、反復形成することが容易だからというだけではない。損傷したときにその部分を切り離せば、生き残る確率が高まるという利点もある。

その多数あった体節が、昆虫では前部・中部・後部と3つのグループに分かれ、やがて頭部では融合し、胸部・腹部では似た構造を共有した。眼や口のある頭部では、外界を感覚したり、食料を食べたりする。脚や翅が突き出す胸部では、歩いたり、背中の翅で飛行したりする。丸まった腹部では、食物を消化したり、交尾したりする。

胚が発生する過程で、大きく前の部分と後ろの部分が決まって行く。その次に、ゴキブリのような不完全変態の昆虫では、次第に体節ができ上がって、だんだん長くなる。これに対してサナギから孵る完全変態の昆虫では、すべての体節が一挙にできる。

体節ができていく様子を、ショウジョウバエで見てみよう。ショウジョウバエは、ウジムシから始まる完全変態の昆虫だ。体節の形成というのは、ウジムシとなっていく胚の時点で始まる。胚の前後の軸に対して直角にたくさんの横線が入り、溝になる。

胚が体節に変化していくためには、どこかで異形形成していくための水路の道標を読み込まなければならない。その標識を「分節遺伝子」と言う。分節遺伝子にも大きく3つのグループがある。このうちの1つ「ギャップ遺伝子」が欠けると、いくつもの体節が出現しなくなる。また「ペアルール遺伝子」が欠けると、体節の数が半分になり、1つごとに欠如した身体になる。「セグメント・ポラリティ遺伝子」が欠けた胚では、体節ごとに後半の構造が失われてしまう。この3グループのほか、「テイルレス遺伝子」が異常だと、胚の前端や後端が奇形になる。

このように体節をつくる最初の段階で、分節遺伝子が読み込まれる。その時期は非常に早くて、受精卵の多数の核が表層に浮かび上がった頃から始まる。つまりまだ多核体のままであって、ちゃんとした細胞ごとの区切りがない時点でスタートするのだ。

分節遺伝子はそれぞれの水路の入口を指し示すわけだが、そこを辿って行きながら、細胞は次の分岐のための標識を読み込む。胚の前後の軸のうち、細胞がどの位置にいるかによって、それぞれの細胞が読み込む遺伝子は異なる。

体節ができてきたところで、それぞれの体節をどのように個性的な部分にしていくかを指し示すのは、「ホメオティック遺伝子」である。「ホメオティック」という言葉には、「同じものから異なったものが形成される」といった意味がある。同じ部分を「異形形成」してしまうことだと考えればよい。発生にとって重要な意味をもつこのホメオティック遺伝子について、次に詳しく見てみたい。

7 ホメオティック遺伝子が水路を指し示す

ハエの脚に、本来そこにあってはならない巨大な複眼ができている。本来あるべき頭部ではなくて、脚の先に奇怪で巨大な眼ができた。しかもこれはハエではなくて、ネズミから取った遺伝子を作用させて、人工的につくった複眼なのだ。

これは悪魔の実験なのだろうか。しかしこの実験によってヴァルター・ゲーリングとレベッカ・クワイアリングは、眼をつくるのに節足動物のハエと脊椎動物のネズミは、共通の遺伝子と共通のタンパク質を用いていることを証明した。それまで眼は、様々な動物で異なったものができているため、動物界で40回以上も独立に誕生したと考えられていた。しかしこの実験を端緒としたその後の研究によって、動物が眼をつくる際には共通の遺伝子が読み込まれることが実証されていった。

ゲーリングらのこの実験より以前に、エドワード・ルイスは、ハエの頭部に触角の代わりに脚が生えてしまう突然変異に注目した。またハエは通常、翅が2枚だけであるにもかかわらず、別の胸部体節でも生えて、翅が4枚になる突然変異がある。彼は、これらの原因となる遺伝子を探求した。

そして突き止めたのが、「ホメオティック遺伝子」だった。ハエの場合は、第3染色体の上に、少しずつ異なるホメオティック遺伝子がずらりと並ぶ。そして読み取られると、体節ごとにどのような異形形成をすればよいかを指し示す。驚いたことに、この遺伝子群は、それぞれが指し示す体節と同じ順番で並んでいた。また、やがてこれと似た遺伝子が、他の動物、植物や単細胞生物にも存在することが分かってきたのだ。

ルイスやゲーリングらの発見を契機として、発生に関する遺伝子から生物の進化を解き明かそうという研究分野が勃興した。これを「進化発生生物学」(Evo-Devo) と言う。

一般に生物界の現象は、1つの遺伝子だけで決まってしまうというものではない。細胞は、様々な信号タンパク質の濃度勾配によって自分の位置を知る。細胞が生きていく現実の世界では、1つではなくて多数の遺伝子を読み取ることが必要であり、できたタンパク質が複雑に相互作用しあっている。

ところが遺伝子によっては、その後の道筋に大きな影響を及ぼすものがあることも事実だ。体節をつくる際のホメオティック遺伝子は、新たな水路を示す道標である。そこでつくられるタンパク質は、数千にも及ぶ遺伝子に作用して、雪崩のようなドミノ倒しを四方八方に起こしていく。まさしくこれは、異形形成の起点なのである。

8　ホメオボックス遺伝子はあらゆる生物に広がっていた

後に分かったことだが、ホメオティック遺伝子の起源と考えられる遺伝子は、すでに細菌の中にもあった。細菌も生きていく上で、DNAの遺伝子配列を読み込まなければならない。読み込みに必要となるタンパク質を「DNA結合性タンパク質」と言う。どの遺伝子に結合してもよいというものではないので、このタンパク質は結合する部分を選択する。太古の昔、DNAの特定部分に対して選択的に結合したタンパク質を示す配列が、ホメオティック遺伝子の元祖と考えられている。

やがてこうした配列は、単細胞の真核生物に受け継がれた。後で見るように、この配列のことを「ホメオボックス」と言うので、生物界に広く存在するこの遺伝子は「ホメオボックス遺伝子」と呼ばれる。クラミドモナスのメス型はKNOX、オス型はBELLという遺伝子をもっていて、2つが接合して2倍体になる。これらの遺伝子も、ホメオボックス遺伝子の1つだ。

クラミドモナスは植物の系統にいる単細胞生物である。植物は、ホメオボックス遺伝子を様々な器官に専門分化していくのに用いた。たとえばコケ類は、地面に付着する仮根をつくるのに使う。茎の頂端部で分裂する組織でも読み取られる。また胞子嚢をつくる際にも働く。カサノリなど緑藻がもっていたKNOX遺伝子は、その後重複を重ねたので、被子植物のシロイヌナズナはこれを4個もっている。

KNOX遺伝子は細胞分裂にも関与しており、1倍体の時期から2倍体の時期に切り替えるときにも読み取られる。シロイヌナズナでは、茎頂の分裂組織で働き、その働きが減少した領域で葉の原基ができる。

ホメオティック遺伝子が発見されたのは、前の項で見たようにハエの胚で体節ができる時期のものからだった。このためホメオティック遺伝子という用語は、動物の体節形成などに関与する遺伝子としてよく使われている。しかし植物でも、異形形成するための道標としてホメオティック遺伝子が読み込まれる。

植物のホメオティック遺伝子にも、多くの種類のものがある。まず花芽に分裂するために、リーフィなどのホメオティック遺伝子が働く。花をつくるときには、マッズボックス遺伝子群というホメオティック遺伝子が働いて、その組み合わせにより、ガク、花弁、オシベ、メシベが輪状となってできてくる。こうした遺伝子では、マッズボックスという配列が、ホメオボックスと類似の働きをしている。

動物の形づくりでは、体節を形成していく時期が特に重要だ。この時期にホメオティック遺伝子が順番に読み取られて、多数の水路を示していく。しかも、ハエとヒトのホメオティック遺伝子群は、同じ順番で並んでいる。小さな豆粒ほどのハエであっても、ヒトなどの脊椎動物であっても、細胞の中に同じような設計図があったのだ。

昆虫では、脚は6本と決まっている。これは腹部の体節でホメオティック遺伝子が脚を示すようになっていなくて、腹部から脚は生えないからだ。一方で脊椎動物では、ホメオティック遺伝子が読み取られることによって背骨や筋肉ができてくる。背骨もまた体節なのだ。ヘビでは頭から尻尾にかけて、左右一対ずつの体節がずらりと数百も形成されるので、細長い紐のような身体となる。

眼をつくる際に読み込まれるホメオボックス遺伝子はパックス6と呼ばれ、すでに見たようにネズミでもハエでも同じものだ。動物界に広く存在し、大きな眼のイカも、海底に固着するホヤも、小さなプラナリアも、この遺伝子を読み取って眼をつくる。

細部の器官をつくるときにも、ホメオボックス遺伝子が読み込まれる。昆虫の脚や触角、チョウの翅の眼玉模様をつくるときには、ディスタル・レスというホメオボックス遺伝子、脊椎動物の頭部やエラをつくるとき、さらには鳥や哺乳類が手足をつくるときも、ホメオボックス遺伝子が読み取られる。指をつくるときも同様だ。さらには神経細胞が様々に専門分化していくときでさえも、この遺伝子が働くのである。

9　形づくりの中核はホメオボックス

こう見ていくと、ホメオティック遺伝子（あるいはホメオボックス遺伝子）が発生のすべてを決めているかのように思えるかもしれないが、そういうものではない。これらの遺伝子群は、少しずつ異なりながら全体で大きなファミリーをつくる。しかしファミリーとなっている遺伝子群は、ほかにいくつもあって相互作用するのである。

反復形成してきた細胞に、ホメオボックス遺伝子によって曲がり角が示されると、そのとき細胞はある特定の水路を選択する。触角なら触角、脚なら脚といった水路だ。

上流でいったん特定の水路が選択されると、その下流では次々と分岐しながらドミノ倒しが連なり、後戻りすることはない。その標識を読み込んで進行した細胞は、次に下流の遺伝子を読み込む。次の細胞は、また下流の遺伝子を読み込む。枝分かれしたところから異形形成が始まるのだ。

ホメオティック遺伝子からつくられるタンパク質が生物の発生で広く用いられているのは、そのタンパク質の中に「ヘリックス・ターン・ヘリックス」というアミノ酸の並びがあることによる。タンパク質は、アミノ酸のもつ電荷などによって様々な形をとる。その代表的な形の1つは、アミノ酸が螺旋を描いた形であり、「αヘリックス」と言う。2つの「αヘリックス」の螺旋を1本線でつなげると、これが「ヘリックス・ターン・ヘリックス」の形となる。1つめの螺旋はDNA配列に付着し、2つめの螺旋は1つめの螺旋が正しく配置されるようにしている。

この「ヘリックス・ターン・ヘリックス」をもつ構造は、60個のアミノ酸の連なりである。これを指定する遺伝子には、180個の塩基配列が必要だ。この180個の塩基配列こそが、ホメオティック遺伝子の中核となる部分であり、これを「ホメオボックス」と言う。この配列が、植物でも動物でも、あるいは単細胞生物でも共通しているのだ。

生物の進化史をホメオボックスによって要約してみると、次のようになる。

遥かなる遠い昔に細菌がもつに至った「DNA結合性タンパク質」が、最初の出発点だっただろう。これが真核生物に受け継がれて、クラミドモナスや酵母など単細胞生物の中に存在するようになった。

多細胞生物に受け継がれると、ホメオボックス遺伝子は植物にも、不定形なカイメンにもあるようになった。カビのクロボキンにもあり、細胞が糸状に並ぶか、ばらばらの単細胞のままで成長するかを決める。クラゲでは体軸を決める際にかかわるようだ。そして動物界の一方の幹では、特に節足動物などの体節づくりのために読まれた。約5億年前から始まる動物の劇的な多様化「カンブリア爆発」は、ホメオティック遺伝子が様々な組み合わせで読み取られたことによって生じたものと考えられる。昆虫では、幼虫が孵化するよりずっと前に、体節ごとの運命が完全に決定されている。

動物界のもう一方の幹では、脊椎動物の祖先に近い頭索動物ナメクジウオの祖先が、私たちと同一のパターンでホメオティック遺伝子群をもっていた。ナメクジウオというのは、魚のようにも見える淡いピンク色のほっそりとした動物で、体長は4～5㎝しかない。

ホメオティック遺伝子群は、ナメクジウオでもハエでも1セットだけ並ぶのに対して、私たち脊椎動物では4セット並んでいる。これは、脊椎動物が誕生して以降、魚類のうちにホメオティック遺伝子群が2回の重複を起こしたためだ。この遺伝子重複のおかげで、脊椎動物は、身体が複雑になるとともに、無脊椎動物よりも巨大化する道を歩むことができたのである。

第9章 軟体動物は変幻自在

9歳の年の夏休みに、私は家族と鳥取砂丘に行き、土産物店で貝殻がたくさん袋詰めされたものを買ってもらった。家に帰ってから並べてみると、それは大小様々できらびやかに色彩も豊か、貝殻の質感もそれぞれに異なっていた。灰白色のアカガイや縦横に模様を描くハマグリなどは地元でも採れたが、清楚なピンク色のサクラガイ、つやつやと茶色く、あるいは灰色に光るタカラガイのように珍しいものも多くて、おそらく全国各地の渚から集められたものだったのだろう。

私は学校で買った子供用の粗末な図鑑で照らし合わせて、1つ1つの名前を知ろうとした。大小の貝殻を浅い箱の中に並べてみたら、海の宝石の陳列ケースのようになった。毎日図鑑を睨んでいたら、父が大人用の立派な図鑑を買ってくれ

ホネガイ（著者撮影）

ることになった。それは、保育社の『標準原色図鑑全集』であり、貝の巻のほかに、蝶・蛾、昆虫から、岩石鉱物、植物、動物に至るまで20巻に及んでいた。私は図鑑を使ったり読んだりするというのではなくて、ただひたすら毎日飽きずに図版をめくり、眺め続けた。

私は貝の巻が特に好きだった。この世には、人間とは似ても似つかぬ姿をした色彩豊かな生き物がいる、ということが不思議だった。

そして今も、多彩な貝類を見ると不思議だと思う。全身から長いしなやかな棘を突き出したホネガイ、T字型を描いて発達したシュモクガイ、円錐形にぐるぐる巻いたエビスガイ、そのとぐろがほどけてしまったようなミミズガイまで、彼らの内なる生命は、自由自在の造形を楽しんで、身体に修飾を施したかのようだ。貝殻は、自然界の驚異を手近に現前してくれるアイテムだと思うのである。

1　軟体動物には共通の特徴がない

軟体動物は、身体のつくりが極めて多様でとらえどころのない動物グループだ。一般的には貝殻をもっていたり、幼生時代がトロコフォアと言って、繊毛の生えた輪をもっていたりする特徴がある。しかしたとえばタコは貝殻をもたないし、トロコフォア幼生の時期を過ごさない。このような例外が常にある。実は軟体動物には、腹側の足、背側の外套膜など大きく11の特徴があるものの、グループの動物全体に共通するという特徴が、1つもないのだ。

私たちが身近でよく知っている軟体動物は、アサリのような二枚貝、サザエのような巻貝、そしてタコ・イカのような頭足類である。この3つのグループとも一見して、全く異なった動物グループというぐらいに身体のつくりが異なっている。

アサリのような二枚貝は、どこが頭でどこが胴なのか分かりにくい。貝殻の蝶番の部分を背中側にして、手前に2枚の貝殻の閉じ目をもってくる。そして貝殻を縦に立ててみると、私たちと向きが同じになる。大きな2つの貝殻は身体の右側と左側にあり、私たちで言えば両手・両脇のあたりに身体全体を装甲のように貝殻が覆っていることになる。頭部はない。頭部がない動物というのも奇妙に感じるが、頭部と胴体が融合してしまったのだ。口はあるし、脳というほどではないものの神経細胞の塊もある。そして腹の全体が足になっている。足は強力な筋肉で前に突き出すことができて、二枚貝は砂に潜る。

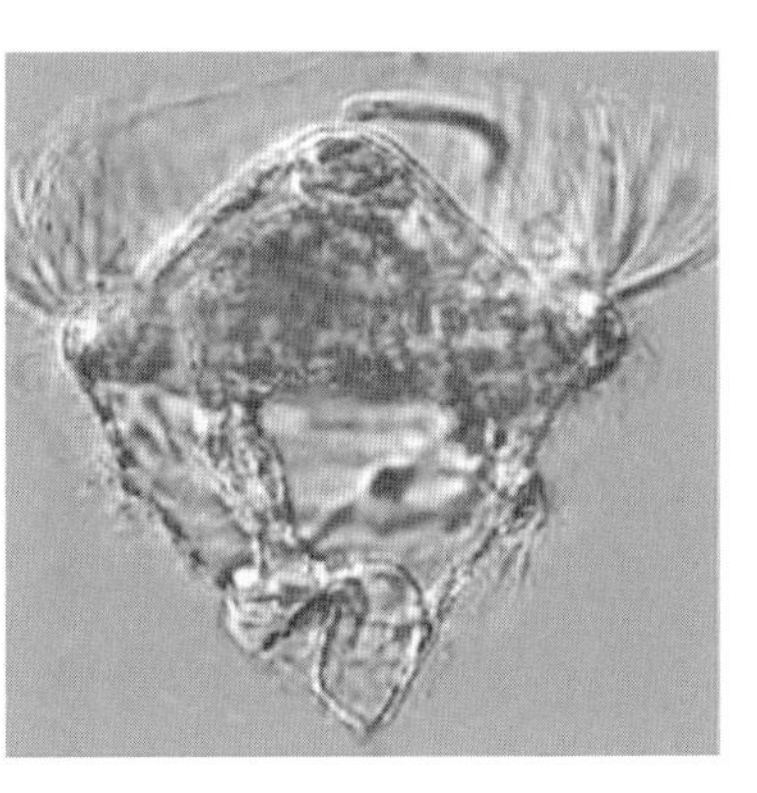

トロコフォア幼生（Wikimedia commons）

一方巻貝は、カタツムリが這うところを想像すればよい。こちらには、ちゃんと頭がある。私たちで言えば、腹を下にしてうつ伏せに寝た状態だ。腹の全体が1枚の足になっており、蠕動（ぜんどう）運動で前に進む。腹側がすべて足なので、「腹足類」と言う。巻貝で特徴的なのは、身体がとぐろを巻いていることだ。貝殻が螺旋状にできてきて、まっすぐの身体がそこに収まったというのではない。実際にはそれとは逆で、もともと螺旋を描きながら身体が成長してきて、それに沿って貝殻が形成されたのだ。

タコ・イカとなるとさらに身体のデザインが大きく異なる。子供がタコ・イカを描くときには、タコで言えば丸い禿げ頭のような部分、イカなら三角頭巾のような部分を上にしてたくさんの足を下に描くのが一般的だ。しかし身体の向きとしては、これは逆なのだ。禿げ頭や頭巾だと思っている部分が実は腹なのであって、たくさん足が生えている方が頭である。万歳をしているように足を上に描き、禿げ頭や頭巾を下向きに描くと、これが正しい向きとなる。生物の図鑑では、ちゃんとこうなっている。

二枚貝や巻貝の足は1つにまとまって腹の側にあるのに対し、タコ・イカでは足はタコなら8本、イカなら10本に分かれて頭の方に回った。したがってこれらは、足とは言わずに腕と呼ばれる。

軟体動物の身体のデザインはこれほど多彩なのだが、まだまだほかにも色々なデザインがある。原始的で深海性の単板類やヒザラガイの属する多板類では、体節のような繰り返し構造がある。ツノガイは、貝殻がゆるく湾曲した1本の筒のように細長い。アメフラシやウミウシは、貝殻をもっていない。貝殻をもつカタツムリのグループは、肺をつくって上陸した。その中にも貝殻を失ったものがいて、これがナメクジである。

目まぐるしいほど多彩である。しかも、軟体動物の歴史は古い。約6億年前のエディアカラ紀に、キンベレラという動物がいて、身体が柔らかくてゾウの鼻のように舌を長く伸ばしていた。全長15㎝ほどのこの動物が、軟体動物の祖先ではないかと考えられる。約5億年前のカンブリア紀になると、軟体動物は実に600種以上になる。

古い時代に代表的なのは、オウムガイの仲間だ。たとえば古生代シルル紀には細長いまっすぐな円錐形をしたチョッカクガイが、生態系の頂点に君臨する捕食者だった。やがて歴史を辿るにつれて中生代にアンモナイトが大繁栄し、その化石は世界中の広範な場所から大量に出土する。その間、二枚貝も多彩に進化した。

そして現在、軟体動物は約13万種が知られている。昆虫などの節足動物やセンチュウに次いで、繁栄を誇る。その8割は巻貝などの腹足類だ。残りの多くは二枚貝である。軟体動物は標高2800mの高山にもいるし、深海1000mの熱水噴出孔の周辺にも生息している。浅い海から深海、あるいは湖沼や河川へ、さらには陸地、高山へと生息域を広げていったのである。

2　二枚貝・巻貝は螺旋を描いて卵割する

このように多彩なデザインを誇る軟体動物の発生を、一律に語るのは容易ではない。しかし発生の道筋を辿って見てみると、大きく2つの仕方に分かれている。二枚貝・巻貝などの発生の仕方と、タコ・イカなどの発生の仕方である。

まず基本的な方の二枚貝・巻貝の発生を見ると、トロコフォアという幼生として誕生する。トロコフォアには、胴を取り巻いて繊毛を生やした輪がある。その繊毛を動かし水流をつくって泳いだり、微小な生物を取り込んで食べる。それがベリジャーというもう少し貝らしい姿に変化して、やがて成体になっていく。

軟体動物のほかにゴカイのような環形動物などもトロコフォア幼生を経て成体になるので、まとめて「冠輪動物」と呼ばれる。冠輪というのはトロコフォアの繊毛の輪から名付けられたものだ。

環形動物はゴカイやミミズのように、体節の繰り返し構造によって身体ができていく。これに対して軟体動物では、一部の例外的なグループを除いて体節をつくらない。節足動物・環形動物あるいは私たち脊椎動物においてさえ、体節の反復形成が見られるのに対し、軟体動物では体節を放棄して、多彩な異形形成の方に歩み出したのだ。

軟体動物には、雌雄同体のものも多い。雌雄同体のカタツムリは、交尾のとき、オス役が頭の右の方から交尾器を突き出して、メス役の生殖器に挿入する。このときオスは体内から尖った槍のような骨片を突き出して、メスを刺激する。しかし不自由なことに、右巻きの貝は右側だけ、左巻きの貝は左側だけに生殖器があるので、巻き方が同じでないと交尾できない。

巻貝から進化したアメフラシも雌雄同体であり、その交尾の仕方が変わっている。前にメス役、後ろにオス役がつながるのだが、そのオス役もまたメスの生殖器をもっているので、後ろにさらにオスがつながる。その後ろにも、また別のオスがつながる。そして次々と個体がつながって、フォークダンスをするときのようにぐるりと輪になることができるのである。

無事に受精が成立すると、卵割が始まる。トロコフォアになる軟体動物では、発生の方式がまた変わっている。まず卵割の直前に、受精卵の一部が半球のように外に突出する。これは、中胚葉のもとなのだ。卵割が進むと、特定の細胞の中に収容されるようになっている。この部分を切除してしまうと、中胚葉のない幼生ができてしまう。

冠輪動物がさらに変わっているのは、卵割のときだ。受精卵が均等に割れていくのではなくて、少しずつずれて螺旋を描くように割れていく。これは細胞分裂のときに染色体を両側に引っ張る投げ縄の糸が、少しだけ斜めにずれて形成されることによる。最初の卵割で2つになるときに、多くの動物ではちょうど中央で縦に割れる。これに対して冠輪動物では、中央線に対して右か左に傾いて割れる。すると卵割をした面が、少しだけ傾くことになる。次の卵割ではこの面に対して直交して横に分裂する。この後も常に、前に卵割した面に対して、直交して卵割していく。卵割してできる面は、交互に左へ右へと傾くことになり、結果として螺旋状に卵割が進んでいくのだ。

巻貝の場合、最初の卵割のときの傾きで、右巻きになるか左巻きになるかの運命が決まる。傾きの原因となる投げ縄の糸は、鞭毛と同じ構造の「紡錘糸」であって、これは母の卵細胞の中にあったものだ。つまり巻き方は、自分の遺伝子を読み込んで決めるのではなくて、母から相続した細胞質の中に、あらかじめ設定されているのだ。

32細胞のときには、上面の細胞が小さくて十字状に並ぶ。さらに卵割が進んで1層だけの細胞となり、出口のない袋をつくると、これが「胞胚」である。この胞胚には卵黄が多くて、空洞があまりない。

次に原腸をつくるのだが、そのやり方はウニで見たような胞胚の下部が内側に陥入するという方法ではない。冠輪動物の場合は、胚の上部の側の細胞が増殖して、次第に下部に向かって覆いかぶさるように伸びていく。そしてもともと胞胚をつくっていた細胞たちを包み込む。包み込んだ外側の細胞集団が外胚葉となり、包まれた内側の細胞集団が内胚葉になる。内胚葉には最初の口「原口」ができ、消化管をつくる。

さきほど受精卵の外に突出した半球があったが、中胚葉は、これを収容した細胞からできてくる。2度目の卵割で4細胞になったとき、そのうちの1つがこの半球を収容して大きくなる。この細胞は、原口の後ろのあたりにある2つの大きな細胞となって、どんどん細胞を生み出していく。そして細胞集団は、芽が伸びるように2本の帯となる。この帯の中に隙間ができ、袋になって、これが体腔となっていくのである。

3　幼生に繊毛の環がありヒレもある

原腸ができた頃の胚には、表面に繊毛が生えている。この段階で身体の各器官の機能が一応整い、卵黄の膜を脱いでトロコフォア幼生として孵化する。幼生の身体は0・1㎜ほどのコマのような形をしており、3つの部分に繊毛が密集している。コマの上の軸に当たるところが長い繊毛となっており、また膨らんだ胴体の口のあたりが、繊毛で取り巻かれた2つの帯の環になっている。この段階から殻を分泌するようになるが、殻といっても最初は有機質の膜であるにすぎない。

次に幼生は、ベリジャー幼生となる。これは軟体動物に特有の幼生であり、種にもよるが極めて小さなシジミ貝の身のような形をしている。口の左右から翼のように広がったヒレを出し、種によってはヒレをはばたかせて遊泳する。また石灰質を分泌する腺もできてきて、小さな貝殻を背中に背負うようになる。ベリジャーの身体は、背中に1枚の平らな殻を背負っているが、二枚貝では、殻の真ん中で2つに分かれて2枚となる。殻が大きくなるにつれてヒレは引っ込んできて、次第になくなる。

巻貝ではベリジャーの時期に身体が90度ねじれ、さらにもう一度90度ねじれて、巻いた形の原型ができる。殻は、最初の頃にはお椀のような形をしているが、次第に長く伸びて、やがて身体の屈曲に合わせて螺旋曲線を描くようになる。

巻貝から進化したウミウシやアメフラシでは、いったんねじれた身体が今度はわざわざ逆の方向にねじれて、まっすぐな胴体となる。二枚貝の方はトロコフォア幼生までは巻貝と同じだが、その後、身体がねじれることはない。

ベリジャー幼生は遊泳しながら足を発達させていき、やがて二枚貝は足糸という糸を出して岩や藻の上に着地する。ムールガイは成体になっても、固着生活するために多数の長い足糸を使う。

貝殻は、多くの軟体動物にとって特徴的なものだ。柔らかくておいしい身体を固い貝殻で保護するだけではない。貝殻を使ってオウムガイは浮くし、ホタテガイは泳ぐ。アッキガイは貝殻の棘を使って食料となる貝をこじ開け、ニオガイは穴を掘る。ニシキウズガイは貝殻の中で子育てをする。

貝殻は炭酸カルシウムの結晶であり、種によって、方解石とアラレ石が層をなしている。カルシウムというのは、細胞にとって毒である。細胞内のカルシウム濃度が高くなりすぎると、細胞は死んでしまう。しかし同時に、細胞が動いたり、融合したり、収縮したりするのに、カルシウムは不可欠だ。このため最初は毒物の排出だった作用が、やがて必要な物質の貯蔵という役割に変わっていったものと考えられている。

貝殻は何重もの層になっており、結晶の原子はきちんと格子状に並んでいる。真珠の場合は極めて薄い板が何層も重なっており、それが光の干渉を起こしてきらきらと美しい虹色に反射する。貝殻をつくる構成単位は、柱状だったり球状だったりと様々である。しかし縦の層と横の層が交差しているスタイルのものが最も強くなり、この交差形の貝殻をもつものが多い。

螺旋を描いているのは、巻貝だけではない。二枚貝の貝殻のデザインもまた緩やかな螺旋曲線の一部なのだ。細長い1本の線のように見えるツノガイや単板類といった別のグループの貝殻もまた、実は大きな螺旋の一部を描いている。

ベリジャー幼生の時期に発達させるもう1つの特徴的なものが、「外套膜」だ。外套膜は軟体動物だけがもつ器官で、発生の途中で内臓を包む薄い袋がもとになっている。その袋の膜が張り出してきて身体を覆い、身体と膜との間に空間（外套腔）をつくる。

この空間というのが、軟体動物にとっては極めて重要なものなのだ。海水に満たされたこの空間が、多くの基本的な活動に利用される。まずこの空間からエラに海水が送り込まれ、呼吸を行う。二枚貝の場合は外套膜から2本の管が出る。腹側の入水管で海水を取り込み、背中側の出水管で排出する。

二枚貝は、外套膜の空間に水流でやってくる微小な餌を捕食する。排泄もここの空間に行う。生殖器官の開口部もある。貝殻の成分が分泌されるのも、外套膜からだ。タコ・イカは外套腔の水を勢いよく噴射してジェット推進する。

感覚器官としても、外套膜は重要だ。二枚貝では、外套膜周辺に多数の触角がある。外套膜にある器官で、匂いも感知する。ホタテガイは、外套膜に明暗が分かる程度の眼をずらりといくつも並べている。タカラガイは、貝殻の外に外套膜をうねうねとはみ出させて、すっぽりと貝殻を覆う。

カタツムリは外套膜を袋状に発達させて肺をつくり、空気呼吸する。巻貝のグループは空気呼吸により、陸上への進出を成し遂げた。カタツムリの仲間だけでも、実に2万種にのぼる。陸貝は、ブナの林の下や石の裏側など、湿った環境に生息している。

しかも上陸したのは1系統だけでなく、腹足類の3つもの系統でそれぞれ独立に上陸した。そして陸上生活に適応して、発生の仕方も身体のつくりも変更した。陸上の乾燥に耐えるために貝殻が役立つばかりではなくて、殻の入口に蓋をするものも多い。カタツムリは卵から孵化した時点で、すでにごく小さなカタツムリの姿をしており、殻をもっている。そして背中に穴があって、ここで呼吸をする。またそこから貝殻を退化させたのがナメクジであり、ナメクジは呼吸する穴を開閉させられる。

カタツムリの眼はおなじみだが、腹足類にはカタツムリのように立派な触角を突き出しているものが多い。これらのグループでは、触角が貴重な感覚器官だ。触角では、接触・匂い、そして光を感知する。ホタテガイの外套膜にある多数の眼はせいぜい明暗を見分ける程度なのに対して、カタツムリの触角にある大きな眼にはレンズと網膜がある。このため、ある程度は映像が見えている。

卵の保護の仕方にも、生態に応じて工夫が見られる。陸に上がったカタツムリでは卵に石灰質の殻があるし、アワブネガイは親が足の下で卵を保護する。タニシやカワニナは、卵から孵化するまで母親の体内で育てる。また変わり種として腹足類の一部には、卵のほかに栄養供給専門の栄養卵をつくるものがいる。イトカケガイは、多数の精子を運ぶための「副精子」をつくる。

4　タコはネズミよりも賢い

タコ・イカのグループを「頭足類」と言うのは、足が頭の方に回っていってそれが腕になったからだ。私たちで言えば、頭から出た両手を上げて万歳し、10本の指に切れ込みが深く入って、腕の付け根にまで分岐し、腕が10本になったようなものだ。それがイカである。身体の下部の方は、私たちで言えば腹部までしかない。腕のうち2本が退化し、8本になったのがタコだ。ヤツデイカは、幼いうちは10本の腕をもっているが、成熟すると8本になる。

タコやイカは、急ぐとき流線形になって高速で泳ぐことができる。これは魚のように前進しているのではなくて、後ろに向かって飛び去っているのだ。口のそばの漏斗から水を吹き出し、ジェット推進する。すると身体は後ろに向かってすいっと動く。車のバックギアを入れて、高速で走り去るようなものだ。

タコが動物界の中でひときわ目立っているのは、大きな脳をもっていて特別に頭が良いということだ。タコの神経細胞は3億個から5億個あり、これはネズミの2億個よりも多い。タコは図形の形状・大小・向き・明暗を識別し、学習・記憶の能力はネズミを凌ぐ。このためタコは、仲間を1匹ずつ識別することができて、仲間の行動を見て学習する。また狩りをしたときの獲物の行動もきちんと記憶できるので、狩りはだんだんと上達する。「赤ずきんちゃん」に出て来るオオカミのように、計画を立てて獲物より先回りすることもできる。

また気に入った大きな貝殻などがあると、自分の巣として持ち歩く。これは、道具の使用である。ココナッツオクトパスはココナッツの殻を大事に持ち歩き住み処とするだけでなく、その殻を盾にして身体を隠し、獲物を襲う。1998年にインドネシアの海岸で発見されたミミックオクトパスは、ミノカサゴ、ウミヘビ、クラゲなど危険だったり毒があったりする生物をじっと観察していて、40種類もの生物の形態模写をすることができる。

タコの8本の腕の付け根のあたりには、それぞれ神経細胞が密集した神経節がある。腕の吸盤で感知する甘味・辛味・苦味は、ヒトの100倍も敏感だ。それぞれの腕が神経節をもつので、脳とは別に独自に感覚したり判断したりできる。腕を切り落としても、その1本だけでものをつかむ。腕だけになっても、敵に絡みついて攻撃する。

タコやイカは、他の軟体動物のように大きな貝殻をもたない。これは捕食者から自分の身を守る上では、不利な点である。しかし大きな貝殻をもっていれば、不都合な点もある。殻をつくる養分が必要なのに加えて、移動する上でも殻は邪魔になる。頭足類の系統では、祖先にあった貝殻がだんだん小さくなって、やがて体内に入って骨片のようになった。これがイカである。タコになると殻や骨のようなものが完全になくなった。このため極めて細い隙間でさえも、楽々と通り抜けできるようになった。

殻がないので身を守るために、別の方法を編み出した。タコもイカも墨を吐く。墨は消化管からできた墨汁嚢（ぼくじゅうのう）という袋に入っている。タコは外敵に対する煙幕として墨を吐き、あたり一面が真っ暗闇になる。一方イカは、イカスミのようにねばねばしたタンパク質の塊として墨を排出する。それは、捕食者にとってイカの分身のように見える。イカの方は、敵がそれを食べている間に逃走する。

タコもイカも大きな眼をもっていて、精緻なレンズと網膜があり、鮮明な映像が見えている。レンズは筋肉で前後に動かすことができる。眼の設計がヒトとは全く異なっていて優れているため、私たちのような盲点がない。もっとも眼の遺伝子は、ヒトとマダコで約80％も共通している。

またタコ・イカで驚かされるのは、電光石火の速さで体表をあらゆる色彩に変化させられることだ。金属光沢さえ再現できる。体表には何種類もの色素胞が分布していて、これを膨らませたり縮めたりすることで色が変わる。アオリイカには体色に27ものパターンがある。一瞬のうちに体色を変えたり、明滅させたりできるのは、色素胞が神経とつながっているからだ。オスのアオリイカが生殖相手にアピールしている様子を見ると、海の中でネオンサインが素早く明滅しているかのようだ。

もしも私たちの祖先がイカだったとしたら、私たちは、自分の身体を色とりどりのクリスマスツリーのように輝かせて、異性にアピールできただろう。

さらにイカ450種のうち45％は発光専門の器官をもっていて、ホタルイカのように暗闇の中で発光する。タコの仲間でも、深海性のタコには発光するものがいる。

軟体動物の血液は、一般に赤くない。酸素を結合するのにヘモグロビンでなくてヘモシアニンという分子を使っているためだ。心臓は2心房1心室にまで発達したものの、一般の軟体動物は、開放血管系である。動脈から送り出された血液は、身体の中の大きな空洞の中にいったん送り込まれて、そこから静脈の中に入っていく。これに対してタコやイカは、閉鎖血管系をもつ。動脈と静脈の間は血管になってつながっているので、ガス交換の効率が良い。そのおかげで頭が良い上に、ジェット噴射や捕食のような機敏な動作が可能となったのだろう。

発生の過程もタコ・イカでは他の軟体動物と違っていて、脊椎動物に似たところがある。卵の中で胚は、成体の形に近いところまで育ち、トロコフォアやベリジャーといった幼生の段階を省略して、直接的に孵化してくるのである。

タコ・イカは雌雄異体であって、オスは精子の詰まった精包をメスに手渡す。交接腕という腕に精包を乗せて、メスの外套膜に差し込むのだ。外套腔に卵管が開口しており、種によってその内外で受精が成立する。

卵の中で胚を成体の形に近くなるまで育てるのだから、卵は大きくて卵黄が下部の方に沈んでいる。マダコの卵は、長さが2・5㎜ある。卵割が始まるときは、卵は真ん中から2つに分かれるのではなくて、下の卵黄に押されて上側表面のあたりで小さく割れる。そして上の方だけで小さな細胞に次々と分裂していく。これは、卵だけで胚を育てる爬虫類・鳥類の卵割の仕方（盤割）に似ている。

タコ・イカの卵割では、他の軟体動物のように卵が右へ左へと螺旋状に割れていくことはない。上の方で増えていった細胞集団がだんだんと張り出して広がってくる。上の細胞集団は最初は単純な円盤のようなものだが、そこが次第に盛り上がってきて、そこから外套や腕、さらには水を噴射する漏斗ができてくるのである。そして成体に近い姿となって、水中に誕生する。

頭足類は、腕と吸盤、色素胞、漏斗、墨袋、発光器と、珍しいものを次々に開発した。しかし、腹足類のように陸地に進出することはついになかった。貝殻という外骨格を最初に失ってしまったために、陸地の乾燥に耐えることがどうしてもできなかったのかもしれない。

第10章 陸に上がってカエルになった——形態と本能の形成

六月の夕暮れ、果樹園には、ふたたび桃色の花が咲き、《輝く湖水》のむこうの沼地では、蛙が銀の鈴のように美しく澄んだ声で鳴いていた。大気には、クローヴァーの草原の薫りと、バルサムもみの森から漂ってきた芳しい香りがたちこめている。（L・M・モンゴメリ『赤毛のアン』松本侑子訳、集英社）

私の伯父は、高齢になってから陶芸教室に通い始め、カエルの置物をいくつもつくって、私にプレゼントしてくれたものだ。今では大切な伯父の形見だ。

みんなカエルが好きなのだ。

ＳＮＳでも、カエルの置物の写真を見て、こんなコメントをしたことがある。

「森の精が薔薇を眺めながら『うーん、僕は森をどうやって治めて行ったらいいだろう』なんて悩んでますね。これはカエルなんですか。でも王冠をかぶっていますね。しかも白い花弁と丸い花柱の台座の上に乗っていますよ。もしかして、北欧出身で名高き花の王なのかもしれませんね。」

ホモ・サピエンス同士がどんなに愚かな争いを続けようとも、木の蕾はちゃんと赤く膨らんできて、やがてゆっくりと花開いていくだろう。地球が太陽の周りを回るにつれて、自然の四季は巡って暖かくなり、ひらひらと蝶が舞い、小鳥たちはさえずり、水辺ではカエルが鳴くことだろう。近年カエルが減少していると懸念されているが、カエルには、自然界の希望を謳歌し続けてほしいものだ。

1　水中から陸上への進化史を丸ごと見せる

眼がくりくりと大きくて愛嬌のあるカエルは、私たちに身近な生物だ。しかし同時に、1世代のうちに水中から陸上への動物の進化史を丸ごと見せてくれる不思議な生き物でもある。

幼生のオタマジャクシは、尾を振り振り水中を泳いでいる。それがやがてみごとに変態して陸に上がり、飛び跳ねて昆虫を襲う。カエルは私たちと同じ脊椎動物の仲間であり、世界に5800種以上存在する。哺乳類全体でも5000種程度だということを考えると、カエルはかなり繁栄した種族だと言える。遠い祖先は3億7000万年前にはいて、その頃からずっと水陸両用生活を続けている。

繁栄しているので世界中に分布は広くて、乾燥地帯にも生息する。スキアシガエルは1年の大半を土の中で過ごす。また、コキーコヤスガエルはオタマジャクシの過程を省略して、卵から直接カエルの姿で生まれてくる。南米のコモリガエルは、メスの背中で妊娠し、皮膚が盛り上がって卵を囲む。東南アジアのウォレストビガエルは、肢の水かきの膜を発達させて、12mも滑空する。

オタマジャクシは水底の泥の上で黒っぽい色をしていて草食性だ。しかしカエルになると、水面を泳ぎ明るい色に変わって肉食となる。アマガエルなら1か月ほどのうちに、このみごとな変身を果たす。それは、手足が生えてエラ呼吸から肺呼吸・皮膚呼吸に変わるというだけではない。眼にマブタができるし、音を聴くための鼓膜ができる。皮膚には粘液を分泌する腺ができる。

オスのカエルは鳴くことでメスにアピールする。喉に空気を溜めて膨らませ、肺との間で空気を行き来させることで声帯を震わせ、大きな声を出す。南米のハイロズジャピは、18種類の発声をすることができる。

成体で感心させられるのは、外界に合わせた体色の変化ができることだ。ヒキガエルは、晴れの日には土や木の葉の色に似せた薄い茶色をしている。雨の日は地面が暗色になるので、カエルも黒っぽくなる。この変化は、表皮の下にあるメラニン色素を含む細胞が、色素を移動させるために起こる。

アマガエル（Wikimedia commons）

アマガエルとなるとさらに鮮やかだ。色素細胞が3層をなしていて、褐色になったり黄緑色になったりする。黄白色の顆粒をもった細胞の層は黄色をつくり、光を反射する小板をもった層は青色に見える。2つが合わさると緑色に見える。さらにもう1層がメラニンの顆粒をもっていて、黒色をつくる。これらの顆粒を凝集させれば、白っぽくなることもできる。こうした変化は、まわりの環境を眼で見て、脳下垂体からホルモンが分泌されることによって起こる。イカやタコのように神経系の電気信号で瞬時に体色を変えるのではないため、体色変化はゆっくりと起こる。

オスはメスの後方から背中の上に乗って、おなじみの交接ポーズをとる。しかし、交尾器をメスの体内に差し込むわけではない。メスが産卵するのにタイミングを合わせて、上から精子を振りかけていくのだ。体外受精であって、その限りでは魚や他の水生動物と変わるところはない。

2　精子がなくてもカエルは生まれる

カエルの卵は大きいので、受精卵が発生していく様子がよく見える。アフリカツメガエルの卵は直径が約1・2㎜あって、重さは1㎎程度だ。精子が卵の中に侵入すると、わずか1時間の間に重大な変化が起こる。受精卵は1つの細胞であるにもかかわらず、外側にある表層と奥の方の内層が異なっている。その表層が内層に対して30度ずれて回転するのだ。和菓子の皮が中のあんこに対して30度だけ回転するようなものだ。無重力状態の中で受精させてみても、この表層回転は起こった。

そして精子が侵入した点が将来の腹側となり、その反対側が背側となる。背側に灰色の三日月のような形ができる。1つの受精卵が腹側と背側を決めるにあたって、この30度回転が必要なのだ。

精子が侵入することで、背側と腹側の軸が決まった。精子は卵に染色体だけでなく、微小管をつくる中心体をもたらすので、かつては精子の侵入が卵の発生にとって不可欠だろうと考えられていた。

ところが発生学者たちが様々な手法で実験してみると、精子なしで白金やガラスの針で卵を突いただけでも卵は発生したのだ。

受精していないので、卵は1倍体のままだ。それでも卵は分裂を始め、胚になっていく。もっともこれらは、オタマジャクシまでにはならなかった。ところが針の先にカエルの血液やリンパ液をつけてみたところ、オタマジャクシになって、さらにカエルにまでなった。なんとメスだけから発生した1倍体のカエルができてしまったのだ。精巣や脳の顆粒を注射してみると、もっとうまくいった。

実はウニの卵も、受精していない段階で、化学薬品や紫外線、電気などで刺激すると発生を開始する。昆虫でもコマユバチは、細い管の中に卵を通すだけで発生を開始する。ショウジョウバエでは子宮の中で水を吸うと、30個の核にまで分裂する。また体細胞の核を吸い取って卵に注入しても、卵は幼虫にまで発生した。発生を開始するのに、精子は必ずしも必要ないのだ。

こうなると精子はいったい何をしているのかということになる。結局のところ卵は、栄養分をいっぱいに蓄えて、刺激が来るまでじっと待機しているということだ。そして精子侵入といった特定の刺激がくると、そこで待機を解除して、発生を始める。1倍体のままでも必要な遺伝子は1セットだけすべて揃っているので、条件さえ良ければ無事に成体にまでなることができるわけだ。

精子はドアをノックした。そこから発生がスタートした。カエルの卵にはもともと上下があって、卵黄顆粒と呼ばれる栄養分が下の方に沈んでいる。卵にはタンパク質をつくるためのリボソームがすでに1兆個も準備されている。またヒストン、ミトコンドリア、酵素といった発生に必要な部品が、すでに大量に詰まっている。

カエルの場合、受精とは精子が刺激を与えて卵の待機を解除し、卵が自前で発生していくことだったのだ。卵が12回分裂するまでは、自分の遺伝子を読み込んで新しくタンパク質をつくる必要もない。母親が卵の中にすでに準備しておいた材料と機構に従って、着実に発生が進行していくのである。

3　腸ができたら何もかも飛ばして次は脳

大きくてぷるぷるしたカエルの受精卵は、まず染色体を倍増して、最初の卵割は受精後1時間半で起こる。最初は卵の中央に1本の線が入り、やがて縦に割れて2つの細胞になる。それがすぐにまた分裂を繰り返し倍々で増えていく。2度目の卵割は、最初の分裂面と直角にもう一度縦に分裂して4つになる。そこまでは等しい4つの細胞だ。ところがカエルの場合、卵黄が底に沈んで溜まっているので、その後は等しい大きさの細胞に分裂することができない。

3回目の分裂で細胞が横に分裂するとき、分裂面はやや上の方にできる。こうして細胞に大小ができる。胚になっていくのは上側の方だ。下側の細胞は大型であり、主に栄養供給の役割を担うことになる。分裂が繰り返され、細胞は小さくなっていく。

細胞が4000個ほどできる頃、胚の内部に空所ができる。「胞胚」である。胞胚の状態で細胞分裂がさらに進むと、細胞が自分の遺伝子を読み始める。

受精後9時間で原腸が形成される。原腸の形成はウニで見たように表層の細胞が内側に陥没することによる。しかしカエルの場合はこれに加えて、表層の細胞群が上方から増えて、覆いかぶさるように降りてくる。陥入と「覆いかぶせ」の併用型なのだ。

覆いかぶせは、上方に黒っぽい小型の細胞群が登場することから始まる。黒っぽい細胞群は、分裂増殖してどんどん下方へ降りてくる。下方の表層は、卵黄を含んでいる白っぽい大型の細胞群である。その上を黒っぽい小型の細胞群が覆っていく。やがて胚の一部で、内部の空所に向けて陥入が起こる。陥入部は横長の線になった切れ込みの形をしている。最初の口「原口」である。脊椎動物では、後に肛門になる部分だ。

こうして細胞たちの動きは、上からの覆いかぶせと下からの陥入という2つの流れをつくる。最初に切れ込みのようだった原口は、やがて半月の形になり半円になり、馬蹄形に変化し、ついに円形となる。そこだけ白く卵黄が囲まれていて露出しているので、栓のように見える。覆いかぶせと陥入が進むと、この栓もほとんど消失する。

外からこのように見えている過程で、胚の内部では陥入した細胞群が原腸をつくっている。さらに原腸から遊走する細胞が出て行って、中胚葉をつくる。こうして受精後1~2日のうちに、胚は外胚葉・内胚葉・中胚葉と3層の身体をつくっていく。この時点では、胚はまだ球に近い形をしたままだ。しかしこの段階で身体の中心線に脊索(せきさく)ができて、さかんに信号を送るようになる。

カエルなど脊椎動物の場合、次に起こるのは、脳・神経系のもとをつくっていくことだ。腸ができたら、次は何もかも飛ばして脳という順番である。

胚の覆いかぶせと陥入が終わる頃、胚の上の背中側に、板のように並んだ細胞集団が現れる。これ

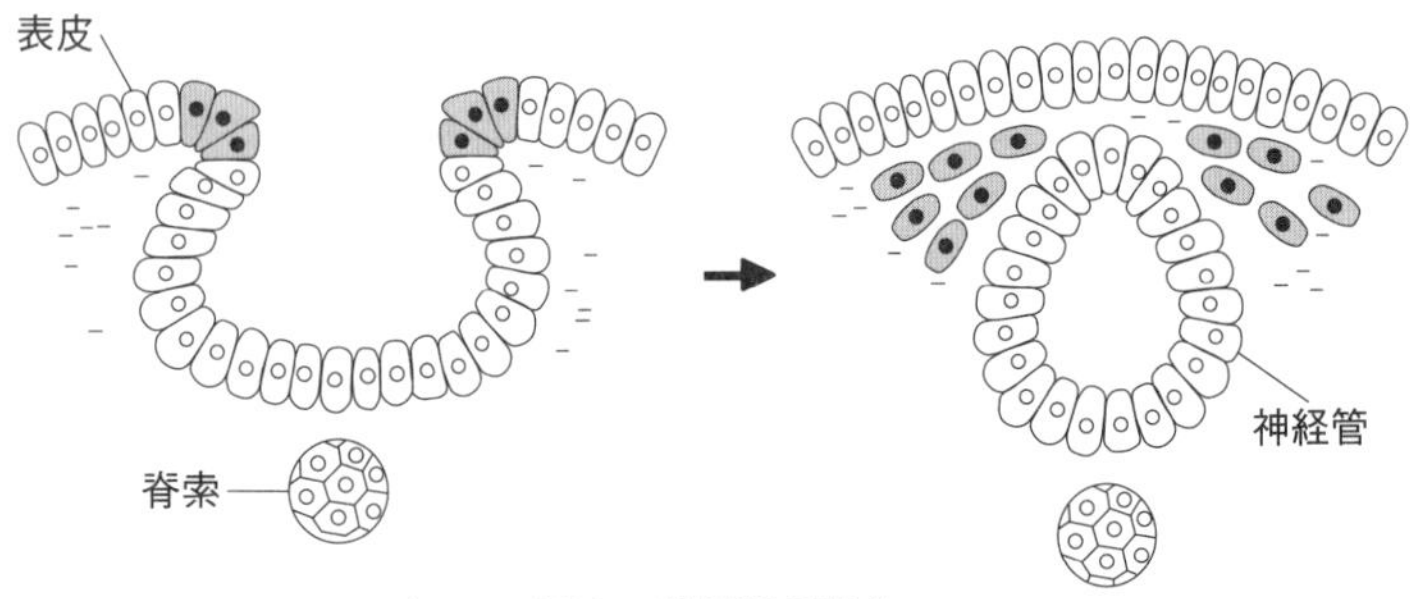

図６　神経管の形成

が将来の脳や脊髄のもとだ。その中央に縦の溝ができ、谷のように落ち込む。谷の両端は盛り上がってきて堤防のようになる。谷を囲む堤防はさらに盛り上がり、左右から近づいてきて、やがて合わさって屋根をつくる。こうなると板だったものが管になる。これを「神経管」と言う。後にはこれが、脊髄になる。

その長い管の前方に、３つの膨らみができる。団子を３つ重ねたような形であり、これが脳の原型だ。３つの膨らみは前脳・中脳・後脳となる。哺乳類では、一番後ろで脊髄に近い後脳は、やがて小脳・延髄などに専門分化し、運動・呼吸・心拍など生命の基礎的な活動を司る。真ん中の中脳は、視覚をはじめとする感覚情報を総合する。前端にある前脳は、大脳半球や間脳に専門分化し、記憶や感情、嗅覚や自律神経などを司る。カエルでもそれに近いところまで発達している。

少し前に戻って、細胞集団の板の両側が盛り上がって堤防ができる頃、堤防は屋根をつくるだけでなくて両側に膨らむ。これを「神経堤」と言う。その膨らみからは細胞群が遊走していく。この細胞群は、あちこちに散らばって各所に必要な構造をつくる。重要なのは散らばった先で手を結びあって、感覚神経系や自律神経系のネットワークになっていくことだ。そして、神経管からできた脊髄とつながっていく。

細くて長い神経管が完成する頃には、かつて球のようだった胚は、楕円形の円柱のように少しだけ伸びている。次に、この段階からどんどん前後に伸びていく。前方では口になる部分が落ち込み始め、喉のエラ板には裂け目ができる。エラ板の前上方に眼や耳のもとが見えてくる。胚の後方には、尾のもとが伸びる。体内では、筋肉のもとや幼生期の腎臓（前腎）ができてくる。

次いでオタマジャクシの形ができる。エラ板からは突起が出てきて、それは枝分かれして外エラとなる。口が開いて、硬い歯ができる。眼の前方には、鼻が見えるようになる。胴と尾はさらに伸びて、尾の上方にはヒレが現れる。やがて腹側のヒレも大きくなってくる。

4　オタマジャクシの側線がカエルの内耳になる

受精後1〜2週間で、卵の膜を破って、いよいよオタマジャクシが孵化してくる。オタマジャクシには硬い歯があって、岩に付いた藻などをこそげ取って食べ、どんどん成長する。しかしオタマジャクシはそのままではいられない。やがて体内で分泌される甲状腺ホルモンが10倍にも達し、カエルへと変態していくのだ。

オタマジャクシの尾の付け根には後肢が出現する。後肢は次第に伸びて、先端が裂け、指ができてくる。前肢は最初はエラ蓋の奥で形成され、やがてエラ蓋を破って外に出てくる。その後、前肢と後肢が急速に発達して伸び、その過程で尾は消失していく。尾の細胞たちは、免疫細胞に拒絶されるようになって、自死していくのだ。

眼が突出してきて、あたり一面が見渡せる大きな眼になる。大きな眼は視界は広いものの、動くものでないと感知しない。カエルの感覚では、細長いものが動いているとそれはミミズであり、丸いものが動いているとそれはクモか昆虫と判断される。

口では、幼生のときにあった歯が脱落する。オタマジャクシは藻を食べていたものの、カエルは長い舌を俊敏に伸ばして小動物を捕らえる。歯は不要になるのだ。

オタマジャクシには魚と同じように身体の両側に側線があって、これで水流を感知している。ところが上陸すると側線は必要でなくなる。そこで側線の前方が変化して、音を捉える内耳になった。そして表皮に鼓膜ができて、音を敏感に伝えるようになる。このプロセスは、魚が上陸して両生類へと進化してきた過程を再現するものだ。しかしカエルには、鼓膜を保護するための外耳はまだない。

オタマジャクシは水中で身体をくねらせて泳ぐために、尾を必要としていた。しかしカエルは後肢の筋肉を使ってぴょんと跳躍するので、尾を退化させてしまった。水中では後肢を伸縮させて、カエル泳ぎをする。ほとんどの陸上動物は尻尾をもっていて、身体のバランスをとったり、ハエを追ったり、ものをつかんだりと様々な用途に用いている。しかし後肢を主な運動手段としたカエルにとっては、尻尾はむしろ邪魔だったのだろう。私たちヒトも、動物の中では例外的に尻尾を失ってしまった種族だ。カエルがくりくりとした黒い目玉とともに愛嬌を感じさせるのは、尾のない姿が私たちと似ているからなのかもしれない。

5　カッコウやウナギの不思議な本能行動

さて脊椎動物になって、動物は本能を一段と発達させた。南米カエルのハイロズジャピは、オスがメスにアピールする際に実に多彩な動きを見せる。跳んだり、つま先を振ったり、肢を伸ばしたり、腕を上げる。握手をし、身体をひねり、ふざけたように歩き、頭を動かして顔で8の字を描き、肢をつかんでつま先を見せつける。

動物の本能というのは、本能という一言で言い表すことのできないほど魔訶不思議なものだ。色彩豊かに造形された動物の形態を巧みに使いこなす本能というのは、いったいどうしたものであって、どこにその根源があるのだろうか。

カッコウは、モズ、ホオジロ、オオヨシキリなど他種の鳥に托卵することで知られている。カッコウの母親は、自分で卵を孵したり、ヒナを育てたりしない。他種の鳥の巣に卵を産みつけて、その巣の鳥に子供を育てさせる。卵の色模様も托卵する鳥の卵とそっくりのものにする。カッコウの卵の色模様には、私たちの血液型と同じようにいくつものパターンがあって、殻は母親の卵管の中で彩色される。母親は自分が似せている卵の里親の巣を間違えることなく訪れて、里親がいない隙を見計らって産卵しておく。みごとな本能だと言うしかない。

生まれてくるカッコウのヒナは、里親のほんとうのヒナたちより少し早く孵化する。そして里親の卵や孵化したヒナたちを、背中に乗せて巣から突き落としてしまうのだ。これもまた誰から教わったものでもない本能だ。

そして里親に餌をねだりながら成長し、ついに自分で飛ぶことができるようになると、巣を後に飛び立って、二度と戻ってくることはない。そしてカッコウの仲間が待っている森へと集合するのである。ヨーロッパで育つカッコウは、地中海を越えて、実に何千㎞も離れたアフリカの森に集まってくる。日本のカッコウは、インドやベトナムへと渡る。カッコウはどうやって集合場所を知るのだろう。向かうべき方角と距離が、脳の中に本能として刻印されているとしか考えられない。

私たち日本人が好物としているウナギも、不思議な本能をもって回遊する魚だ。生まれるのは日本から約２０００㎞も離れたマリアナ諸島付近の深い海だ。生まれたばかりのウナギは透明で平べったい形をしており、体長は数㎜にすぎない。しかしその小さな頭の中には、すでにしっかりと自分の人生設計が刻印されている。

ウナギの稚魚は、まず北赤道海流に乗って西へ移動し、次に黒潮に乗って北へ移動して、やがて日本などの沿岸部に流れ着く。サケが自分の生まれた河川に戻ってくるのも驚異だが、ウナギの場合は、自分が一度も見たことのない場所に辿り着いて、そこで遡るのに適した淡水の河川を選ぶのだ。成長した後は再び海に出て、今度は南に向かって泳ぎ、遠い生まれ故郷の深海へと帰っていく。

ヨーロッパやアメリカのウナギは、大西洋の中米海域にあるサルガッソー海の深海で生まれる。そして同じサルガッソー海で生まれるにもかかわらず、ヨーロッパウナギの稚魚はヨーロッパの河川へ、アメリカウナギの稚魚はアメリカの河川へと回遊する。なぜこのようなことが可能なのだろうか。

従来のダーウィニズムの考え方では、「遺伝子が偶然に突然変異を起こし、そして生存に都合の良かった個体が自然淘汰されて生き残る。」という説明がされてきた。この考え方でカッコウやウナギの行動を説明しようとすると、四方八方に様々な場所を訪問する本能をもったカッコウやウナギが偶然に生まれなければならない。その中からちょうど都合の良い行動をする本能をもったものだけが有利となり、他のものは滅びたということになる。しかし、そんなことがありうるだろうか。

そもそも遺伝子は、タンパク質の設計図にすぎない。タンパク質に突然変異が生じたからと言って、それがどうやって本能的な行動に結びつくというのだろうか。

6 獲得形質は遺伝する ―― エピジェネティクスが勃興

そこで「偶然の突然変異」だけを根拠とするダーウィニズムと決別して、一時は否定されていた「獲得形質の遺伝」という考え方が蘇ってくる。あるときいずれかの個体が経験によって獲得した形態や行動が、その種にとって非常に都合が良かったので、子孫にも引き継がれていったと考えるのだ。

獲得形質の遺伝は、21世紀になって急速に勃興してきた「エピジェネティクス」（後成遺伝学）という分野において、様々に研究されている生物学の最前線だ。エピジェネティクスが研究対象とするのは、「遺伝子そのものには何の変化もないにもかかわらず、遺伝子の読み取りの違いや細胞の変化が生じること」である。生物が変化するのに、遺伝子の突然変異が必ず必要だとは考えないのだ。

たとえばイモムシに食害された植物のカブは、防虫物質をつくってトゲを生やす。その種子から育ったカブは、最初からトゲを生やすようになる。遺伝子自身は何も変化していないのに、親の経験した特徴が子孫に遺伝したのだ。また、アマに肥料を豊富に与えて大きく育てると、その種子から育ったアマは肥料を与えなくても大きく育つ。シロイヌナズナは、冬の寒さが長引くと短期間で開花する。そしてその子孫は、冬の寒さが長引かなくても短期間で開花するようになる。

動物でも、実験室で様々な現象が観察されるようになった。ネズミに高カロリーの食物を豊富に与えて、肥満にしてから子供をつくらせる。メスのネズミは卵の中に母親由来の物質を溜め込むので、ここではオスのネズミを使う。その精子から子供をつくれば、子供に移行するのはほぼ遺伝子だけだ。遺伝子自体には何の変化もない。ところが子供は通常の食事で育てても、父親に似て糖尿病の症状を呈した。

あるいは、ネズミにサクランボの匂いがしたときに電気ショックを与えるという経験を積ませる。するとだんだんネズミはストレスに対する耐性をつけてくる。そして生まれた子は父親よりも強いストレス耐性をもつようになっていた。ネコの匂いで恐怖を与えたり、長期間母親と隔離したりしてストレスを与えても、同様の結果が出た。

もっと原始的な動物であるセンチュウの実験でも、長期間ストレスを与え続けると耐性を身につける。そしてその子孫は、ストレス耐性を引き継いでいた。

遺伝子には何も変化が起こっていないのに、親の獲得した特徴が子供に遺伝した。このようなことが起こるのは、なぜなのだろうか。

それは、遺伝子そのものではなくて、遺伝子の「読み取り系」と言うべき部分に変化が起こるからなのだった。たとえばDNAやDNAを巻き付けるタンパク質ヒストンに、メチル基（$-CH_3$）が結合する。すると「メチル化」と言って、電気的な相互作用が変化し、その遺伝子は読み取られなくなる。ヒストンに結合した場所によっては、逆に遺伝子が読み取りやすくなる。また、ヒストンにアセチル基（CH_3CO-）が結合すると、「アセチル化」と言って、その遺伝子が読み取りやすくなる。こうした印によって、遺伝子はそのままでも、その後の分子ドミノ倒しに変化が生じてくるのだ。

ところが、ここで疑問が生じてくる。親の身体に特徴が現れたからと言って、その印が生殖細胞にまで付着するものだろうかということだ。植物ならまだしも分かりやすい。植物には体細胞と生殖細胞の区別がないからだ。身体を構成するどの細胞からでも、花芽をつくってオシベとメシベに専門化できる。植物の細胞は万能なのだ。

しかし動物では、発生のごく初期の段階で生殖細胞のもと（始原生殖細胞）を隔離してしまう。そして前に見たように、生殖細胞のもとは生殖器がつくられるのを待って、やがて生殖器の位置まで移動してくる。

体細胞が変化したからと言って、生殖細胞は変化しないはずだ。19世紀にアウグスト・ヴァイスマンが、「獲得形質が遺伝しないことを証明した」と主張したのは、このような事実を根拠としていた。

体細胞が経験によってメチル化などの変化を起こしたとしても、それが生殖細胞に伝わらなければ子孫には伝わらない。体細胞の情報を生殖細胞に伝達して、生殖細胞の「読み取り系」を変化させてしまうような信号が、いったい存在するのだろうか。

7　非コードRNAが情報を伝え符号をつくる

ここで以前の章で見てきたRNAに、もう一度登場してもらおう。タンパク質に比べて遥かに微細な分子であるRNAこそが、その候補ではないかと考えられるのだ。

前に見たように、RNAは情報をもつことができる。またRNAは多種多様なものが、ネットワークをなしている。そしてRNAは、微細であるがゆえに細胞から細胞へ、組織から組織へと飛び回ることができる。さらにRNAは、化学反応の触媒をする。遺伝子やその周辺をメチル化することも、RNAの機能をもってすれば可能なのだ。

もちろん細胞内で化学反応の触媒をする主体となっているのはタンパク質だが、タンパク質は巨大なので、簡単には細胞間を飛び回ることができない。

ところがRNAは細胞間のトンネルを通じて、直接隣の細胞に移行する。たとえばセンチュウに特定のRNAをもった大腸菌を食べさせたところ、センチュウの遺伝子に大腸菌のRNAが干渉した。またトリボリウムという甲虫では、メスの体液にRNAを注入したところ、産卵した卵に影響し、次世代に伝播した。体細胞で起きた特徴がRNAを通じて生殖細胞に伝わり印が付けられたとしたら、それは遺伝しうるのだ。

RNAには、まだ機能の分かっていない大規模な群れも発見されてきた。今後このようなRNAの働きと、メチル化・アセチル化・タンパク質複合体などとの関係が明らかになれば、獲得形質が遺伝するというメカニズムが、次第に判明してくる可能性がある。エピジェネティクスによって、まさに未知の大陸が浮上しつつあるのだ。

そして非コードRNAやエピジェネティクスによる遺伝の探求は、生物の「本能的行動」の原因を明らかにしていくことにつながる可能性がある。

単細胞生物にも本能的な行動はある。アメーバは、光を浴びせるとまぶしそうに暗い方向に向かって逃げる。逆に、光合成をするミドリムシは、光を浴びせると嬉しそうに近寄ってくる。この2つの正反対の行動は、先天的な本能だと言えるだろう。

これらの単細胞生物の祖先の段階で、あるものは光から逃げることを学習した。また別のものは光に近寄ることを学習した。そして何らかの方法でその習性が子孫に定着したのだ。その何らかの方法に、メチル化などの修飾が関与していた可能性がある。

本能的な行動は先天的なものであって、後天的に学習されたものではないと考えられてきた。確かに個体レベルではそのとおりだろう。しかし先祖のいずれかの段階で、その行動を学習しそれを固定させるということが起こらなければ、子孫がその行動をとるはずはない。つまりいずれかの時点で、個体レベルでの学習が起こり、記憶された行動が、後に本能的行動となって定式化されたのだ。

RNAは組織の形態や機能ばかりではなくて、神経細胞に働きかけて学習や記憶の形成にも関与することが分かってきた。たとえばmiRNA124は、アメフラシの神経細胞の中にあってCREB1というタンパク質がつくられないようにする。他の細胞から信号分子セロトニンが分泌されると、逆にCREB1がつくられるようになる。すると神経細胞同士の接合部が強化されて、長期記憶が形成される。piRNAは、セロトニンの作用を受けると長期記憶を固定するように働く。

経験に基づいて細胞内で変化が起こると、それが記憶として形成され、固定される。そしてRNAは、脳の神経細胞に対してボトムアップで情報を伝えるだけでなくて、脳の神経細胞からトップダウンで情報を伝える可能性がある。DNAやそれを写し取ったメッセンジャーRNAにどう印をつけるかという情報を双方向に行き来させると考えられるのだ。そして膨大なネットワークに印をつけることによって、行動についての「符号化」が可能になる。印の数が膨大なものになれば、符号の情報も、直線的なものから平面的なものへ、そして立体的なものへと発達することができるだろう。

8 生物は運河化しながら進化する

20世紀の生物学者コンラッド・H・ワディントンは、生物の発生に関して「運河化」という概念を提唱した。生物が発生する道筋は、水の流れが上流から下流へ向かっていくようなものだ。地形の高低によって、川は幾筋もの通り道がありうる。しかしある谷筋に沿って発生を繰り返していると、その流路は深掘りされて、頑丈な運河となる。そして他の流路を通ることのない安定したコースとなって定着するというのだ。

しかし時として生物の暮らす外界に、暴風雨が襲う。そのとき運河の水が溢れて、洪水を起こす。

暴風雨が去った後には、別の流路ができていることがある。そうなると次の段階での発生は、別の流路に沿って進む。そこで谷が深掘りされていくと、新しい運河ができる。こうして発生のプロセスが変更され、種が進化する。

ワディントンは、このように外界の変化によって発生の道筋が異なっていく様子を「後成的地形」（エピジェネティック・ランドスケープ）と呼んだ。発生を直線的なプロセスとは見ないで、凹凸のある平面の地形として見ようというわけだ。この言葉が、「エピジェネティクス」という用語のもとになっている。

たとえば大空に飛翔する鳥は、偶然に翼ができて、偶然に眼が発達して、偶然に脳神経がつながったものだろうか。そんなことがありうるだろうか。しかもこの3つの偶然が、ほぼ同時期に起こらなければならないのだ。それだけではない。歯がなくなり、骨の空洞が発生し、肺の前後が膨らんで気嚢（のう）システムも発達しなければならない。

こうしたすべての現象が、偶然の積み重ねだけで起こることなどほぼありえないのではないだろうか。むしろ偶然に起こった1つの突然変異に対して、それを起点として多数の細胞たちが「調節」しあったと考えるのが自然だろう。細胞たちは認識力を働かせあって、互いに適したように調節をしあうことが可能なのだ。

従来のダーウィニズムでは、「必ず先に偶然の突然変異が起こり、後になってその個体に対し自然淘汰が働く」と考えられてきた。しかし獲得形質が遺伝するのなら、むしろ「獲得形質がまずできて、自然淘汰の方が先に起こり、その中から後になって突然変異が生じて、その特徴を固定する」と考えてもよいことになる。

たとえば器官の「退化」ということを考えてみよう。魚のメキシカンテトラには、光の射す水系に棲む地上型と、暗黒の洞窟に棲む洞窟型がある。地上型には眼があるものの、洞窟型には眼がない。眼をつくるには多大のエネルギーを必要とするので、使わないならすぐに放棄されるのだ。

これに対して、表皮の体色は眼をつくるほどにはエネルギーがかからないので、退化するにも時間がかかる。洞窟の入口付近の魚では、銀色の光を反射する薄膜の層が、不規則に並ぶようになる。奥に進むと不規則が大きくなり、薄膜層の数も減少して、銀色の光沢は失われていく。洞窟の最も奥のところでは、体色はすっかり消失し、反射膜はなくなって、赤い血管が透けて見えるピンク色となる。

こうしたケースでは、暗闇に適応してエネルギーを節約するために、獲得形質の遺伝が先に起こったと考えるべきだろう。偶然の突然変異が先に起こると言うのなら、眼のある洞窟魚がいてもよいし、体色に様々なバリエーションがあってもよいはずだ。

もちろん突然変異が先に生じるケースもある。たとえば自家受粉するシロイヌナズナは、もともとは他家受粉しかしなかった。ところが41万年前頃というごく最近になって、突然変異により自家受粉を阻止するシステムが壊れてしまった。このために自家受粉ができるようになったものだ。

いずれの場合でも、細胞たちは調節しあう。生物が複雑になり行動が多彩になればなるほど、また行動に対する選択の自由度が増加すればするほど、その生物が環境の下でどのように暮らしていくかという探索行動の影響を受ける。獲得形質は多様なものとなり、それが有利なら遺伝によって広まりうるのだ。

9　熱ショック・タンパク質、そして意識へ

このように新しい「運河化」が起こり、獲得形質が遺伝する仕組みの1つとして、「熱ショック・タンパク質」の働きが考えられている。熱ショック・タンパク質は、細菌から脊椎動物まであらゆる生物が広範にもっているタンパク質だ。このタンパク質は、通常は細胞がストレスにさらされたときに、恒常性を保つのに働いている。たとえば周囲の温度が5〜10℃上昇すると、細胞は熱ショック・タンパク質をつくる。

その1つに「シャペロン」というタンパク質がある。これは合成されたタンパク質をチェックし、正しい立体構造に折りたたまれるのを助ける足場となる。シャペロンは小胞体にあって、異常なタンパク質は小胞体から外に出られないようになっている。異常タンパク質が蓄積すると小胞体の機能は悪くなり、それが続くと細胞は死んでしまう。シャペロンのおかげで、合成されたタンパク質群は、熱による変性から免れる。

熱ショック・タンパク質はこのようにして、高温ばかりではなく、低温、毒物、高塩分濃度、低酸素といった異常状態からもタンパク質を守る。

ところが異常状態があまりにも顕著だと、熱ショック・タンパク質が忙しすぎて、許容範囲を超えてしまうことがある。すると、様々なタンパク質の折りたたみに異常が顕在化する。細胞に甚大なス

トレスがかかると、運河の流れが変わってしまうことがあるのだ。

さてここまでは体細胞に起こった変化の話である。しかし符号化されたＲＮＡが、この特徴を別の組織に情報として運んだらどうなるだろうか。脳に符号を運べば、それが記憶となるだろう。生殖細胞に符号を運べば、次世代に遺伝する。そして行動が固定化して子孫に伝われば、それは本能的な行動となるだろう。

シモーナ・ギンズバーグとエヴァ・ヤブロンカは、こうした学習や記憶の能力が、何段階も階層を登って複雑化していった結果、一部の動物（脊椎動物・昆虫・タコなど）で「意識」が生じてきたとして、次のように説明している。

記憶ができるメカニズムには、２種類のものがある。１つは細胞内部で後成的（エピジェネティック）に刻印されるものだ。細胞内部の刻印は、単細胞生物にもある。もう１つのメカニズムは、神経細胞の接合部（シナプス）が変化することによって起こる。こちらは神経細胞がネットワークをつくっている動物だけに起こる仕組みだ。どちらの記憶メカニズムであっても、多細胞生物ではＲＮＡによって情報が細胞から細胞へと伝達されうる。ＲＮＡの伝達は、ＤＮＡ周辺のメチル化など転写・翻訳への干渉をもたらす。逆にこうしたメチル化などの状態からＲＮＡに情報が伝達されることもできる。双方向の流れが可能なのだ。

こうした作用が符号化されることによって、外界や内部のものごとを「表象」することが可能になる。たとえば外界の視覚的なイメージであっても、それを内的な地図として表象化し、記憶することができるようになる。内的地図には視覚地図だけでなく、触覚地図、聴覚地図など様々なものがある。

そしてその表象や記憶が互いに結びつけられて、統合化される。これが「意識」なのだ。

意識が発達した動物では、外界から受け取る刺激とそれを符号化した表象の数はあまりにも多いものとなる。それは脳の神経細胞に強いストレスをもたらすため、符号を忘却したり、統合して整理したりすることが必須となる。そのために行われるのが、睡眠である。すでに一部のクラゲでも見られたように、睡眠とは、蓄積したストレスを減らすための活動である。脊椎動物になると、魚をはじめ、カエルもトカゲも鳥も獣も、すべて夢を見ると考えられている。それは、覚醒時に脳に強く加わったストレスを減殺するためのゆったりとした夢想の時間なのだ。

非コードRNAの働きの解明は、まだ緒に就いたばかりだ。しかし非コードRNAや、メチル化・アセチル化などの刻印について解読することのできる「次世代シーケンサー」が実用化され、ヒト・ゲノムの2%にすぎない遺伝子ばかりでなく、98%を占める非コード配列という前人未到の大森林がさかんに探検されている。その中からやがて獲得形質の遺伝、本能的な行動の起源、さらには意識の発生といった生物学上の難問について、新たな展望が開けていくことを期待したいものだ。

第11章 ヒトは胚のカプセルからできてくる

若かった頃の冬のある日、私は妻と一緒に川岸に散歩に出かけた。冷たく柔らかい日光の下で、人々が釣りをしたり、子供たちが凧揚げをしたりしていた。私たちはゆっくりと川岸を下り、河原へ降りていった。それから思いついて、枯れ草を川面に流して競争させた。

しかし草の葉ではすぐに流れに巻き込まれて、見えなくなってしまう。そこで今度は、ポケットにあった新聞紙を使って、折り紙でボートをつくった。そしてそのボートを川面に流して競争させた。妻がつくったボートは、応援のために投げた石が当たって沈没した。しばらく流れた私のボートは、枯れ草の茎を使って引き上げた。次にもう1つずつボートをつくって3艘を同時に流した。今度は私が最初につくったボートが沈没した。後の2艘はしばらく悠々と流れていったが、急流に差し掛かったところで座礁して止まった。私たちは笑った。

愉快な気持ちで家へ引き上げようとしたとき、裸になった黒々とした木立の向こうに紅色の夕陽が沈んでいくのが見えた。なぜ木々は空に向かって手を伸ばし、地中に向かって根を張るのだろうと、私は思った。なぜ太陽は巨大な球であり、大地もまた巨大な球であって、太陽のまわりを回っているのだろう。なぜ私たちは偶然にできた地軸の傾きの上にいて、季節の巡りの下で生きているのだろう。生命はどこからやってきて、どこへ去っていくのだろう。

その夜から妻が入院し、翌日に男児を出産した。まだあまり父親になるという自覚がもてなかった私に、その日第1子が与えられたのだった。

1 胎児のもとは1枚の円盤

いよいよ私たちは長い旅の末に、ヒトにまで辿り着いた。ヒトはどうやって生まれてくるのか、それを知るために、自分の元祖の細胞である精子や卵にまで遡ってみることにしよう。

最初は精子からだ。私たちはまず、轟々たる大河の奔流を遡らなければならない。サケの群れが大挙して川の源流まで泳いでいくようなものだ。精子にも本能があると言わなければならないだろう。仲間の精子は、5000万から5億匹。子宮からも卵管からも、母体の体液は外へ外へと押し出そうとする。その流れに逆らって、精子は身をくねらせながらなんとか流されまいとして必死に泳ぐ。精子がヒトの大きさだとすると、子宮と卵管を泳ぎ切るには、5㎞ほどの懸命な遊泳が必要だ。精子は卵管を通過するうちに被膜を溶かされて、受精する能力を獲得する。

目指す卵は栄養をたっぷりと蓄えて巨大化した細胞で、直径およそ0・1㎜と、細胞としては異常なほどに大きい。通常の体細胞に比べ直径だけで10倍、体積となると実に1000倍という途方もない大きさだ。精子がヒトの大きさだとすると、卵はちょっとしたマンションほどもある。

卵の方も、卵巣の膜を破って卵管に出てこなければならない。しかし卵巣は卵管に接していないので、少しの距離だが移動しなければならない。丸々と巨大化した卵には自分で動く力はないので、まわりの細胞に押し出されるものと考えられる。卵管まで到達すると、今度は卵管の内側にびっしりと生えている繊毛が、体液とともに卵を外へと押し出していく。

精子と卵は、卵管の奥深くで出会う。このとき精子はすでに数百匹程度にまで減少している。そこで精子は、卵を包み込んでいる卵膜とその周辺を溶かさなければならない。やがて卵に群がった精子たちの中から、1匹だけが卵の中に潜り込む。すると電光石火、卵の表面に電気が走り、精子が侵入した地点から受精膜が盛り上がってきて、2匹目の精子はもう潜り込めなくなる。

精子が卵に入るとき、双方の細胞膜は融合する。すると精子の核と卵の核が互いに接近し、合体し、染色体が混じりあう。それまでは精子も卵もそれぞれ23本染色体の1倍体だったのだが、合体することによって46本染色体の2倍体生物に変身した。

受精卵は卵管の中を7日間程度、旅をしながら分裂していく。1週間もの長い期間、母体からは栄養が供給されないので、自前で栄養を賄わなければならない。このためにたっぷりと巨大な身体に栄養を溜め込んでいるのだ。しかし、分裂してもそれぞれの細胞が大きくなる余裕はない。

目的地である子宮壁を目指して旅をしている間に、受精卵は分裂を繰り返し、16個から32個の細胞がぎっしり詰まった細胞集団になる。そこまでは集団の内側に起こった反復形成だ。ところがここで、異形形成が起こる。細胞たちは平べったく伸びていき、細胞集団の中にぽっかりと空洞ができてきて、

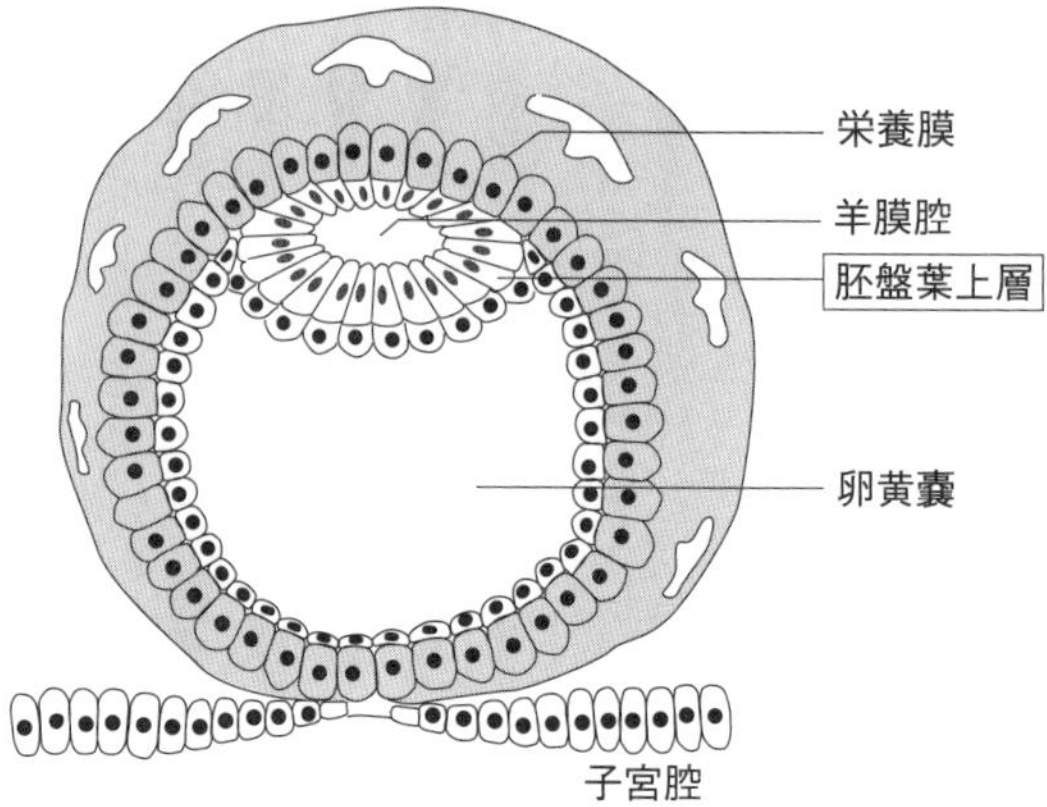

栄養膜
羊膜腔
胚盤葉上層
卵黄嚢
子宮腔

図7　受精9日目頃の胚

その中は液体で満たされる。「胞胚」である。空洞をつくることで細胞集団は分裂しながら体積を増し、1層の細胞でつくった袋とその内側にできたわずかな細胞とに分かれる。

ウニではこうした袋状の胞胚がそのまま幼生に変化していって、やがて泳ぎ出した。しかし哺乳類では、この段階の細胞集団のすべてが胎児を形成していくわけではない。胎児そのものでなくて、胎児を守るためのカプセルが、そこから何重にも派生していくのだ。

まず細胞集団は、やがて胎児になるグループと胎盤をつくるグループとに分かれて行く。袋の内側で少し密集していた細胞たちは、「内部細胞塊」と呼ばれる。このわずか8個ほどの細胞集団こそが、胎児のもとだ。空洞の液体の中に浮かんでいるわけではなくて、袋の一方側に付着して細胞の塊となっている。

一方、胎盤をつくるグループは、胎児を包むカプセルだ。この状態で、細胞集団のカプセルはようやく子宮壁に辿り着き、着床する。着床の前に、胚は身体を保護する薄い膜を脱ぎ捨てる。これがヒトにとっての「孵化」なのだ。外側に面し体液を包むカプセルとなっていた細胞たちはやがて増殖して、母体の組織と協力しながら胎盤を形成していく。

カプセルが子宮壁に結合したとき、内部細胞塊のある方が奥側、カプセルの袋となっている方が外側（子宮腔側）だ。外側の細胞が増殖することによって、内部細胞塊は母体の奥側にどんどんめり込んでいく。そしてやがて胎盤ができると、母体から栄養が提供されるようになる。着床したときにあった空洞は、内部細胞塊の細胞たちが増殖するにしたがって、いったん消失する。

しかし今度はそれに代わって2つの袋ができて、新たに2つの空洞となる。前方の子宮腔側にできた袋は卵黄嚢（らんおうのう）になり、奥の母体側にできた袋は羊膜になる。卵黄嚢は鳥では卵黄を貯めておく場所だが、哺乳類では痕跡的であり、やがてヘソの緒の一部となって身体とつながる。

そしてこの2つの袋が接触する部分が、2層の円盤になる。袋と袋が接した円盤のうち、奥の羊膜側にある円盤（胚盤葉上層）こそ、胎児のもとである。

着床した後、細胞集団は母体から栄養をもらって急速に大きくなる。受精後2週目になると、カプセル全体の大きさは3・5㎜、胎児のもとは0・5㎜となっている。

2　1本の線から3胚葉ができる

着床したばかりの頃、卵黄嚢になる細胞集団の一部から、胎児のもとに向かって信号が送られる。信号を送る側の細胞たちは、円盤の端の一点に集まって、そこから一斉に信号を送る。受け取った胎児のもとは、その信号の濃い方が頭、薄い方が尾の方向になっていく。まず「頭－尾」の軸ができるわけだ。

最初は尾の方から目立った動きが生じる。そこから次の信号が発せられて、細胞たちは移動しながら押し合い、ひしめきあいながら隆起する。次第に頭の方向に向かって1本の盛り上がった線のようなものができてくる。線のようなので、これを「原始線条」と言う。1本の線ではあるが、これが私たちの身体の基本だ。原始線条の部分が盛り上がるにつれて、それまで円盤のようだった胎児のもとは、だんだんと卵形になり、左右対称の形になっていく。

次に、原始線条の中央が窪んで、谷が走るようになる。そして原始線条の先端に大きめの窪みができて、今度はそこから数種類の信号が発される。するとその信号を受け取ったまわりの細胞たちは、細胞集団の内部へと潜り込み始める。信号を発している先端部に近い細胞ほど早く陥入する。内部に潜り込んだ細胞たちは、手をつないで結合しあう。これが内胚葉のもとだ。原始線条や窪みで行われているのは、原腸形成の変形なのだ。

尾側、つまり肛門側からできていくのは、他の後口動物と同じだが、哺乳類の場合はそれがすぐに管になるのではない。しばらくの間、内胚葉は平べったいシート状のままで、卵黄囊になる細胞たちの間に割り込んだ状態となっている。

胎児のもととなる細胞集団は、最初は1層だけの細胞シートだった。ところがここで、原始線条から中に潜り込んだ細胞たちが手をつなぐことによって、2層になった。外側のままでいるのが外胚葉、内側に入ったのが内胚葉だ。そしてこの2層の集団の中に、ばらばらと潜り込んでいく細胞たちがいる。これが中胚葉になる細胞たちだ。

中胚葉の細胞たちは、強く結びついたシートにはならない。お互いがゆるく結びあった状態で、外胚葉と内胚葉の間に広がる。こうして身体は、頭と尾の縦方向に伸びるだけでなく、原始線条が盛り上がるにしたがって厚みを増し、重層的な細胞集団となっていく。これは受精後3週目に起こり、3週目の終わりには、胎児のもとは1・5㎜から1・8㎜ほどになっている。

3　つっかえ棒の脊索が司令塔

最初に「頭－尾」の軸ができて、その一部が隆起したり陥入したりしながら、内胚葉・外胚葉・中胚葉ができた。ここまでは、広く動物界一般に共通している現象だ。ところが次に起こる脊索の形成は、私たち脊索をもった動物に特有の現象である。

脊索動物というのは、身体の中央に1本のつっかえ棒があり、身をくねらせて泳ぐ動物が祖先となっている。最初にできるつっかえ棒が、脊索である。脊索だけで終生過ごすものとしては、現生種ではナメクジウオがいる。しかしそこから進化した私たち脊椎動物になると、脊索は発生の途中で消失する。そして代わりのつっかえ棒として、脊椎（背骨）ができてくる。背骨の中には神経の束が走り、その先に膨らんだ脳がある。

脊索は、途中で消えてしまうからと言って役割が小さいというわけではない。むしろ身体づくりの初期において、様々な信号を発してあちこちに送る司令塔となっている。音楽で言えば、バンドのリーダーあるいは指揮者のようなものだ。後になって身体がもっと複雑になっても、初期の司令塔であるという脊索の役割は失われることがなかった。このために現在も発生途上で、脊索が現れるわけだ。

脊索は、内胚葉の中央線上にできる一群の中胚葉細胞がもとになっている。その細胞集団は、周囲から離れて背中側に向かって移動する。そして頭と尾の方向に沿って並び、細長い円柱になる。これが脊索だ。この細胞集団は、特殊な信号タンパク質を次々と発信する能力をもっており、身体のあちこちに指示を送る。そしてやがて必要がなくなる時期がくると、脊索はばらばらに壊れて、背骨の間に入るクッション（椎間板）の材料となる。

次につくられるのは、神経系だ。原腸は内胚葉、脊索は中胚葉からできるのに対して、神経系は外界に接したままの外胚葉から形成されてくる。

脊索が信号を送った相手の1つに、背中側にある外胚葉の細胞群がある。背中側の縦に長い細胞群が信号を受け取ると、シート状だった外胚葉の中央部が厚みを増し、3本の帯のような細胞集団となる。

3本帯のうち真ん中の1本が次第に窪んで曲がり、深い谷をつくる。その両側の2本が崖の縁となって行く。谷の堤防のようなものだ。カエルで見たのと同様に、堤防の細胞たちが増殖すると、やがて堤防がせり出してきて、谷は上部で蓋をされ、管になる。「神経管」である。

こうして神経管ができてきて、外胚葉から切り離され、1本の管となる。この段階では、細胞はまだ神経細胞ではない。もう少し後になってから、神経管で生まれた細胞たちが、異常なまでに細長い身体つきとなり、電気信号を伝える神経細胞になる。

背中側に神経管ができて、その奥に脊索があった。そのさらに奥の腹側はどうなっているかというと、当初内胚葉は平たいシート状をしているのだが、次第に長くなりながら丸まって管になる。これが腸だ。つまりこの時点の胎児には、3層の主な組織ができている。背中に神経管、腹側に腸管という2本の管、それに挟まれていて後で消滅する脊索という柱があるわけだ。

4　3胚葉を折りたたんで器官ができる

受精後4週目には血管ができてきて心臓が拍動する。脳が大きくなり、腸ができ上がる。この時点での胎児は細長い管のようなものだが、頭部が少し膨らんでいて長い尾がある。尾が腹側に向け、丸まっている。ギーガーの描くエイリアンにちょっと似た奇怪な姿だ。これが5週目になると、手足のもととなる芽のようなものが出てきて、尾はだんだんと短くなり、目鼻ができる。

6週目になると手に指ができ始め、耳もできてきて、だんだんと人間の形に近くなってくる。7週目には手の指がちゃんと分かれ、手足が長くなって、8週目にはすっかり人間の形を整える。こうなったときの体長は約28㎜から31㎜と、まだ小指の先ぐらいだ。

前項の最後に見たように初期の胚は、3つの細長い管や柱を基本としていた。そこからどうやって複雑な胎児の身体ができていくのかと言うと、それは、外胚葉・中胚葉・内胚葉の3層が、折りたたまれたり、芽や袋になって膨らんだりしていくのだ。

外胚葉からできる器官を見てみよう。胎児の背中側にできた神経管は、前方で3つの膨らみをつくり、やがてそれが3つ重ねの団子のように膨らんで、カエルと同様に、前脳・中脳・後脳（菱脳）となる。その膨らみから尾まで続く長い管は、脊髄になる。外胚葉は、内胚葉の細胞集団と相互作用しながら、眼・鼻・耳などの感覚器をつくる。最後まで外界と接触したままだった一番外側の細胞層は、身体を包む表皮となり、やがて毛や汗腺などをつくる。

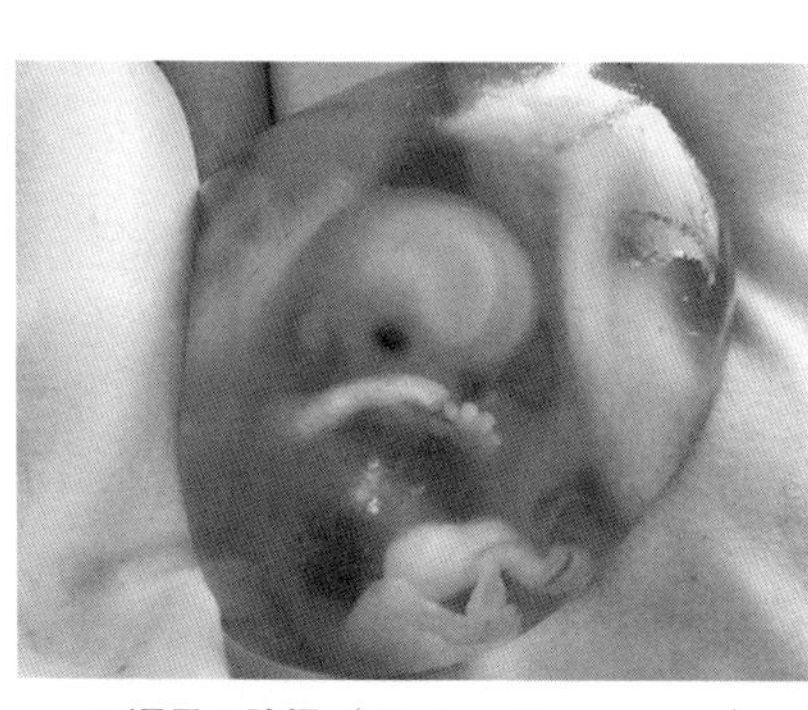

10週目の胎児（Wikimedia commons）

次は、内胚葉からの器官を見よう。内胚葉は消化管の細胞集団であり、基本的に1本の管である。その1本の管が途中で袋状に枝を出し、さらにそれが細かく分岐して、様々な器官となる。もっとも、最終的に内胚葉の細胞がつくるのは、これらの器官の一番空洞側にあるなんと1枚のシートにすぎない。その奥側は中胚葉だ。内胚葉の細胞は、中胚葉の細胞と相互作用することによって器官をつくっていくのだ。

胎児の腹側にできた腸管からは、芽が出て枝になり、それが分岐して肝臓ができる。別の芽は、膵臓や胆嚢になる。喉のあたりから分岐した袋は、細かく分岐して肺になる。腸の前の方からは、中耳ができ、また胸腺のような免疫器官、さらには甲状腺・副甲状腺といった内分泌器官が生まれる。腸の後方からは膀胱が形成される。

外胚葉・内胚葉に挟まれた中胚葉は、その2つの胚を結びつけ、栄養を運んだり運動したりする役割を担う。筋肉・骨・血管をはじめ、体内を埋めているほとんどの部分は、中胚葉からできる。

中胚葉の細胞たちが、このうち最初につくるのは、「体節」である。神経管の左右にある中胚葉の一部は、頭の方から順次いくつもの袋になって重なっていく。その1つ1つが体節だ。体節は左右で1対ができると、次に下の体節がつくられる。そしてだんだんと下の方に向かって重層的に体節が形成されていく。左右に全部で42対から44対の体節ができる。1対の体節ができるのには、6時間ずつかかる。ずらりと並んだ体節は、背骨や筋肉、真皮になっていく。

5　中胚葉から血管・心臓・腎臓・生殖器

中胚葉の細胞たちは、動き回りながら、ほかにも実に多様な器官をつくる。まず身体中に張りめぐらされる血管を配線する必要がある。神経管ができる頃、胚の両端のあたりにいた中胚葉の細胞たちは、体節から送られてくる信号を受けて遊走し、身体の真ん中あたりに寄り集まってくる。

そこで今度は脊索から送られてきた信号を受け取ると、互いに手をつないで紐のように長くなる。紐は左右1対で2本ができる。紐は厚みを増して棒のようになり、棒の中に空洞ができて管になる。

頭から尾の方向に向けて走る2本の管だ。これが最初の血管であり、大動脈になる。

また静脈になる細胞集団も、胚の中から同じように真ん中近くに遊走して寄り集まってくる。こちらは別の信号を受けて、大動脈と並行して頭から尾に向けて伸びる2本の大静脈になる。動脈と静脈の血管は互いに枝を伸ばしていき、その伸ばした枝がつながりあって、毛細血管となる。

心臓も、中胚葉の細胞が両端から寄り集まってきてつくる。頭側の方にあった細胞たちが、中央に集まって左右2本の管をつくるところから始まる。ところが大動脈や大静脈と違い、この2本の管は合体して、1本の太い筒になる。これが心臓だ。

心臓の細胞集団は、管状の形をしているとは言っても、血管とは性格が異なる。一斉に同調しながら、自律的に収縮・弛緩して拍動することができるのだ。心臓の鼓動である。受精後4週の終わり頃、心臓は血管とつながって全身に血液を送り出すようになる。心臓は脳以外の臓器の中で真っ先に完成して、全身に酸素と栄養を運ぶ役割を果たすことになる。

血管の中を流れる血球の細胞たちはどこから来るのだろうか。それは発生初期には、卵黄嚢の中でつくられる。次いで中胚葉の側板という場所で、血球がつくられる。やがて胎児の身体ができてくると、骨髄や脾臓といった専門の器官で大量につくられるようになる。

腎臓や生殖器もまた中胚葉の細胞たちがつくっていく。腎臓は、体節をつくる集団とは別のグループが、やはり頭から尾にかけて多数の袋の長い重なりをつくる。これは体節と似て、節のある構造をしている。その頭の方を「前腎」、中間のあたりを「中腎」、尾の方を「後腎」と言って、3つの部位に分かれる。

前腎は、細い管を主体とする簡単な構造の腎臓である。私たちの祖先が、脊椎動物になるよりも以前に用いていたものだ。胎児がごく小さいうちに機能し、発生4週めには退化してしまう。次の中腎は、魚類・両生類といった水生動物が用いていた腎臓である。胎児の身体が複雑化していく過程で働き、発生4か月で退化していく。中腎に接する中胚葉からは、ミュラー管とウォルフ管という2本の管が発生し、ミュラー管がつながっている部位は生殖器になる。

それを引き継いでいくのが後腎だ。後腎は、爬虫類・鳥類・哺乳類といった陸生動物がもっている腎臓である。ここにも、進化の痕跡が残っている。中腎が消えて行く過程で、ウォルフ管は女性では消失し、男性では精巣とつながる。このとき男性では、それまで生殖器の形成に役割を果たしていたミュラー管が退化して消えていく。

6　遠くから旅をしてくる細胞たち

ヒトの生殖細胞は、どこから来るのだろうか。胚ができていく初期の段階を振り返ってみると、着床後に胎盤のカプセルの中で、胎児のもとから一部の細胞が陥入して行く時期があった。その頃、生殖細胞のもととなる約50個の細胞集団は、胎児のもとから独立して、出て行ってしまうのだ。そして卵黄嚢の一部で保護される。

受精後4週目になると、生殖細胞のもと（始原生殖細胞）の集団は、はるばると生殖器を目指して旅をする。生殖器や様々な部位から発される信号を頼りに、アメーバのように触手を出して前進する。そして中胚葉細胞たちがつくった生殖器に到着して、やがて卵や精子を生み出す親の細胞（生殖幹細胞）となっていくのである。

多くの細胞は、同じ場所にじっと留まり手をつないで組織をつくっていくのが普通だ。しかしその一方で、生殖細胞のように遠い旅をする細胞集団もいる。中胚葉でも、細胞たちが遊走してきて血管をつくるのを見た。これと同じように外胚葉からも、遊走して長い旅をする細胞たちが出てくる。神経管をつくるとき、堤防のように盛り上がった管の両側の部分を「神経堤」と言った。そこから切り離される細胞たちがいる。これらの細胞は、4つのグループに分かれて体内を遊走するのだ。

神経系は、最終的に血管と同じように、全身のすみずみにまで網目状の配線を行わなければならない。そこで神経堤の細胞たちは、胚体の中を飛び交う信号を頼りに、ばらばらとあちこちに遊走して行く。そして行った先で触手を出してつながりあい、配線工事をする。

4つのグループのうち第1のグループは感覚神経系をつくり、第2のグループは自律神経系となる。第3のグループは、1か所に集まって副腎髄質をつくり、やがてアドレナリンなど重要な体内信号（ホルモン）を出すようになる。

これに対して第4のグループは体表に広く遊走していくものの、こちらは触手を伸ばしてつながらない。行った先で増殖して、色素をもつ多数の細胞になる。色素細胞は紫外線を遮断する役割をもっており、表皮の細胞たちを守っている。

7 出生は生涯最大の大転換

受精後8週間で人間の形を整えた3㎝から4㎝の胎児は、3か月から4か月にかけて、活発に各種の器官を形成していく。この時期に内胚葉からは膀胱・小腸・各種の腺組織ができていき、外胚葉からは眼・耳・鼻などができていく。また中胚葉からは、腎臓・骨が発達する。妊娠5か月になると、胎児の表皮に産毛・頭髪が生え、心音が母にも聞こえるようになる。6か月になると、脳に皺ができ、7か月で眼が見える構造ができ上がる。8か月になると体の中央部にあった精巣・卵巣が下の方に降りてくる。9か月目には胎児は40㎝、1500gとなっており、皮下脂肪が沈着してふっくらし、体表の産毛は減ってくる。そして10か月目には、出産に向けて準備を整えながら待機するのである。

出生は、ヒトの一生にとっての重大な転換点だ。それまで羊水の中で浮かんで守られていた状態から、重力のある厳しい外界に出て来なければならない。海の中から瞬時にして陸上に引き上げられるようなものだ。温度も摂氏36度という母の体温から、一挙に20度前後のひんやりした冷たい空気の中に放り出される。それだけではない。何よりも厳しいのは、それまでは胎盤に依存していた呼吸・栄養・排泄を、出生後はすべて自力で行わなければならないのである。

まずは「おぎゃあ」という第一声とともに呼吸が始まる。血管の一部が胎盤とつながって命綱となっていたへその緒が切られる。胎児はあらかじめ1分間に40回から60回の浅い呼吸運動をして準備しており、出生とともに肺に空気がどっと入り込む。そして血液は、胎盤を経由するのではなく、肺を経由して循環するようになる。この瞬間、それまで血液循環に使っていたいくつもの弁や管が閉じる。新生児があたり一面に響き渡らせる産声は、この大転換を成し遂げたことを告げる勝利の宣言なのだ。

呼吸と血液循環が一瞬にして転換を達成するのに対して、栄養の吸収や排泄の方は時間がかかる。最初は母乳しか飲めなかった新生児が、やがて流動食を食べるようになり、ついには固形物が食べられるようになる。腎臓は内側から外側に向かって徐々に形成されてきて、機能を上げていく。消化と排泄に関しては、体表面積当たりの能力が一定水準に達するのに約2年を要する。

8　性ホルモンが激増して第2の転換期

幼児は、生後1年前後で一歩を踏み出す。このとき全身の神経を集中させ、筋肉を緊張させてバランスをとっている。実に可愛らしい瞬間だ。多数の神経や感覚を動員するための神経回路ができていなければ、不安定な身体で一歩を踏み出すことはできない。歩行するということは、ヒトとして運動するための基本的な神経回路が完成したことを意味する。

次の段階は言葉だ。言葉が出せるようになるには、脳の中で5つの領域を経なければならない。第1に、耳から捉えた情報を聴覚野で音声として認識する。第2に、言語中枢でそれらの意味を認識する。第3に、それに基づいて判断する。第4に、運動性の言語中枢で自分の使う言葉を選ぶ。そして第5に、運動野で声にする運動を指示するのだ。幼児に言葉が出たということは、これらの脳領域やそれをつなぐ回路ができたということを意味するものだ。

身体の伸長とともに、骨が発達する。乳児の頭骨には、当初、左右の骨の間に隙間があるが、2歳までには骨が左右から近寄って来て縫合していく。骨には2種類のものがあって、頭骨は膜のように広がっていくタイプだ。まわりの組織から骨の成分が分泌され、隣の部分と接しながら成長する。こうした膜のような骨ができるのは、頭骨や顔の骨など一部だけに限られる。

他の骨はすべて、長い骨の両端などにある軟骨の中心部からできてくる。軟骨の細胞がひな形をつくると、次に骨細胞が硬い骨を分泌して置き換わる。その一方で破骨細胞は、骨を壊しながら整形していく。

思春期（11歳頃～）になると、ヒトは出生に次ぐ第2の転換期を迎える。性巣が成熟して、排卵・射精が開始するし、身体つきが女性または男性らしくなる。この変化を促すのは、ホルモンの働きによる。ホルモンの元締めは、間脳にある視床下部だ。視床下部は、血液で身体の状態を監視しており、時期が来たと見ると、脳下垂体にホルモンの信号を出す。これは第1の指令だ。脳下垂体は100倍レベルに増幅して複数種のホルモンをつくり、血液に乗せて送り出す。これが第2の指令となる。その指令は、生殖巣・副腎皮質・甲状腺といった内分泌器官に届く。すると今度は、それぞれの内分泌器官が再び1000倍レベルに増幅して独自のホルモンをつくり、全身に送り出す。ホルモンのシャワーである。これは第3の指令となり、身体のすみずみに至る細胞に働きかけて、雪崩のような連鎖反応を引き起こす。このようにホルモンもまた、階層構造をなしている。

ホルモンは思春期以前からも出ているのだが、思春期になると一挙に増加する。脳下垂体・甲状腺・副腎皮質から分泌されるホルモンは2倍強に増強される。また、精巣・卵巣から出されるホルモンとなると、6倍から7倍へと激増するのである。

20歳頃にいったん各種の能力がピークに達した後、身体はその時点で折り返し、機能が低下していく。心臓などの循環系、眼などの神経系、筋肉などの運動系の能力は20歳過ぎから直ちに低下していく。これに対して、肺での呼吸能力、胃腸での消化能力、ホルモンの内分泌能力はそれほど衰えることはなくて、その後も20年間程度安定している。そしてやがて器官が消耗したり、細胞に突然変異が蓄積したりすることによって、個人差はあるものの40代の頃から老化が始まる。

個体としての最後は、死である。心臓と肺が停止すると、呼吸と血液循環が止まる。心臓や肺も多くの器官に支えられて成り立っている。他の器官にも変調が蓄積して行き、相互依存関係を維持することができなくなると止まるのである。心肺が停止しても、脳を含む多くの細胞は生きている。しかしそこにも酸素や栄養が供給されないために、やがて徐々に細胞レベルでも死を迎えていく。

1個の精子と1個の卵の融合から始まった個体としての旅は、ここで終わる。しかし生命の旅は、それで終わりではない。生殖細胞たちが生み出した精子や卵の中で結合することのできたものは、新たな受精卵となる。そこからまた胎児ができ、嬰児が誕生し、成長し、恋をして、老いていく。子供たちに託していく遥かな永遠性と、その悠久の歴史の中で連綿と続いていくなだらかな行列。私たちだけでなく、窓から見える木々も、その中で鳴き交わす小鳥やセミも、土の中のミミズやセンチュウも同じだ。生命の河の果てしない流れは、そうやって連綿として何億年もの間続いてきたのである。

第12章 信号分子の相互作用で発生が進む

完全な即興演奏をするロック・バンドは、事前に全く打ち合わせをしない。演奏は数名のメンバーのそのときの自由裁量に任されており、演奏のたびに曲の内容は変わる。それにもかかわらず自然に開始し、ハーモニーを奏でる。白熱してくると劇的にリズムが切り替わったり、爆音になったりする。そして最後には、まるで測ったかのようにぴったりと同時に終わるのだ。それぞれが超絶技巧の持ち主だとは言え、指示も打ち合わせもなしで、どうやってこうした驚異的な演奏が可能になるのだろう。

私はメンバーのひとりにその理由を質問してみた。すると答えは、「そのつど、宇宙にとってジャストなことをしているだけです。」というものだった。これを私流に解釈してみると、外界から発信されるあらゆる信号をキャッチして、瞬時に自分もまた的確に発信し続ける、ということなのだろう。

ヒトの神経細胞で伝わる電気信号の速度は、1秒間に100mに及ぶ。1つの神経細胞から1万もの触手が出ていて、それが850億個も絡み合っている。したがって、1秒と言っても、神経細胞全体の反応から見れば、実はとんでもなく長い時間なのかもしれない。1秒の何分の1かで相互作用しあうために、聴衆にはすべてが同時に起こっているように聴こえるのだろう。

細胞たちが相互作用しあっている姿も、このようなものであるのに違いない。胚発生中の細胞にインタビューしてみれば、「宇宙にとってジャストなことをしているだけです。」と言うかもしれない。

1　ハエとカエルの背・腹は逆転した

私たちが直立したときには、「腹」が前方で、「背中」が後方だ。しかしヒトにとっての「前後」は、多くの動物にとっての「前後」とは異なる。ヒトは直立したので、ほとんどの動物の体軸に対して90度方向が変わった。四足歩行する動物にとっては、前方とは「頭」の方向であり、後方とは「尾」の方向ということになる。このため動物の身体について空間の軸を表現するときに、「前後」や「上下」というのでは不適当だ。そこで発生学では「頭－尾」の軸、「背－腹」の軸というように表現する。この2つの軸が決まれば、左右の軸は自然に決まる。

ニワトリの卵の黄身は、1つの細胞である。しかしその中身は不均一であり、卵の中身にはすでにちゃんと上下の区別がある。あらゆる細胞にとっても「頭－尾」の方向はある。細胞集団が手をつなぐときにも、頭を上にして整然としたシートになることができる。「背－腹」の方向がある細胞もある。細胞内の小器官や顆粒などの物質が、重力や生理活性によって不均一に分布しているためだ。

動物の身体づくりは、こうした細胞が集団になって袋をつくり、それを内側に折りたたんで立体的な構造をつくるというものだった。この過程では、細胞の間を多数の信号が飛び交うことになる。ヒトのホルモンだけでも100種類以上あるが、発生の過程で飛び交う信号は、少なくとも数千種類に及ぶと考えられている。

感覚細胞、神経細胞、内分泌細胞など多くの細胞では、頭側に外界信号を受け取る受容体タンパク質が数多く分布している。他方、細胞の尾側には顆粒が蓄積されていて、細胞はそれを尾側から放出する。つまり細胞は、頭側で外界の信号を受け取り、尾側で排出する。

動物の細胞たちが、どんな信号を受け止めて身体の軸をつくっていくのかを見てみよう。

中空の球だった胞胚は、まず多細胞体としての「頭－尾」の軸を決めなければならない。ハエ（キイロショウジョウバエ）では、頭と尾の方向は、母親から卵の中に注入された分子によって卵の段階で決まっている。その分子とは、2種類のメッセンジャーRNAなのだ。そのメッセンジャーRNAから受精卵の中で、ビコイドとナノスという2種類のタンパク質が合成される。そしてビコイドの濃度が高い方が頭の方向となり、ナノスの濃度の高い方が尾の方向となる。その結果、母の前後の向きと同じになる。身体のどちらが頭でどちら尾になるかといった人生の重大事項が、母の与えた分子によってすでに決定されているのだ。また、「背－腹」の方向は、母が与えたドーサルという1種類のタンパク質の濃度で決まっている。

私たちにつながる後口動物の幹では、胚の「頭－尾」軸はどうやって決まるのだろうか。ウニやカエルの卵は大きくて、最初から卵黄を溜め込んでいた。卵黄は下の方に沈んで溜まっているので、卵には最初から上下がある。ホヤの卵の内容物を遠心分離しても、元に戻る。卵は単なる物質ではなくて、1つの生物なので、自分の秩序を保とうとするのだ。カエルの卵では、上の方が紫外線を避けるため黒っぽくなっている。カエルの受精卵も、母からもらった物質によって、すでに「頭－尾」軸ができていることになる。

次に重要なのは、胚の「背－腹」軸だ。ここでは精子が侵入した地点がものを言う。カエルの場合は、精子が卵に侵入すると表層回転という現象が起こり、卵の表層がずれるのを以前に見た。表層回転によって、卵の上方にあった部分と下方にあった部分が混ざりあい、背側を決定する因子ができるのだ。表層回転がないと胚はだるまのようなものになり、形態が専門分化しない。

アフリカツメガエルで、その分子機構が研究された。表層回転によって、下方からディシェベルドというタンパク質がやってくる。すると、それまではβカテニンを分解していた分子の働きが阻止されて、βカテニンが活躍できるようになる。βカテニンというのは、ヒドラの口やイソギンチャクの上部で上下の軸を決めていた分子だ。これによってカエルの背側が決定されるのだ。ディシェベルトからβカテニンへという信号の流れは、受精卵が表層回転しないネズミでも同じように起こった。

古い遺伝子とタンパク質がよく保存されていて、発生の初期で身体の軸を決めることが分かる。βカテニンは核の内部に入り込み、他のタンパク質とともに遺伝子と結合して、遺伝子が読み込まれる。そして「背－腹」の軸を決めるタンパク質が合成される。ところが、この先で奇妙なことが起こるのだ。

ショウジョウバエの場合、背側を決定していくタンパク質というのは、Ｄｐｐという分子だ。この分子は、カエルのＢＭＰ４という分子と同一のものだということが分かった。ところが驚くべきことに、ハエで背側を形成していたこの分子は、カエルでは、腹側を決めていたのだった。ハエとカエルで相互に遺伝子を入れ替えてみても、同じように働いた。

また逆にハエの腹側をつくるのには、Ｓｏｇという分子が働く。Ｓｏｇは、カエルのコルディンという分子と同一のものだった。ところがこの分子は、ハエで腹側をつくったのに、カエルでは背側の形成にかかわっていたのだ。

ハエは前口動物の幹、カエルは後口動物の幹に属している。口と肛門の位置が逆転しているので、「頭－尾」の軸が逆転しているわけだが、そればかりではない。「背－腹」の軸も、どこかで逆転したのだ。カエルでは私たちと同様に、背中に神経系がある。これに対して、昆虫では腹側に神経系がある。昆虫では私たちの身体で言えば、尻のあたりに眼が付いていて、腹のあたりから翅が生えていることになる。

不思議な逆転現象だが、これは信号がどのように使い回されているかによるものだ。進化の過程で信号伝達の仕方は少しずつずれていって、生物のグループごとに多様化する。前口動物と後口動物では、身体の軸を決める段階で、信号のもつ意味が逆転してしまったのだ。

信号となるタンパク質は、一般に多機能である。たとえばβカテニンも、胚の背側を決めたらそれで終わりというものではない。βカテニンは、細胞同士が接着するときにも使われるタンパク質だし、遺伝子の読み取り調節にも使われる。発生における役割だけでも、「背－腹」の軸を決めた後には、前頭部や尾部の形成、臓器や骨の形成などに幅広く関与する。

同じタンパク質なのに、様々な信号として使われる。これは、タンパク質自体に多様な意味が書き込まれているからではない。細胞の側に、もともと準備があるのだ。そしてある信号が、どのタイミングでどの場所に伝えられたら、細胞は次にどう行動すればよいか、どの遺伝子を読み込めばよいかといったことについて、あらかじめ細胞内部の分子秩序の中で準備がなされているのである。

2　ソニック・ヘッジホッグが駆け回る

ハエの腹をつくるＳｏｇとカエルの背をつくるコルディンは、同じタンパク質だった。しかしいつものことながら、この1種のタンパク質だけでものごとが決まっているかというと、そういうものではない。ハエの腹を決めるのに、最初に働くのはドーサルというタンパク質であるし、カエルの背を形成するに際しては、ノギンやフォリスタチンというタンパク質も働いている。

これらのタンパク質は、時間的に順を追って合成されていくために複数の種類が必要になるわけだが、それだけではない。空間的にも多種類のタンパク質が必要なのだ。細胞は、自分が胚の中でどの位置にいるかを知ることが必要だ。細胞から化学分子の信号が分泌されると、それは近くの方は濃くて遠くは薄いというように濃度の勾配を形成する。細胞たちは敏感な嗅覚で、この濃度勾配を感知する。位置を知るには、３つの空間軸の方向を示す信号を感知することが必要だ。またそれぞれの信号の効果を促進したり、抑制したりする別の信号も存在する。それに応じて眼なら眼、手なら手、という具合に複雑に専門分化して行くのだ。

化学分子の信号は、多くの種類のものが飛び交っている。これらのそれぞれが濃度勾配を形成しており、細胞はそれらの匂いを嗅ぎ取って、自分の位置を知らなければならない。まさしくオーケストラの中で飛び交う多数の楽器の音色を聞き分けながら、自分の楽器を演奏していくようなものだ。

しかも細胞は、自分の中に生物時計をもっていて、それがメトロノームのようにかちかちとリズムを刻んでいる。時計の本体としては、遺伝子の読み取りを制御する転写因子タンパク質が、時間の経過とともに増えたり減ったりすることを繰り返すものが一般的だ。それによって空間だけでなく、時間的なタイミングを知ることもできる。こうして細胞は、特定の時期・特定の場所で特定のタンパク質を合成することになって、専門分化するものと考えられる。

数千種類以上と言われる発生の信号を大きくグループに分けると、主要な4つのファミリーが重要である。第1にFGFのグループ、第2にTGF-βのグループ、第3にヘッジホッグ（hh）のグループ、第4にウィント（Wnt）のグループだ。これらの遺伝子はセンチュウからハエ、カエル、ニワトリ、ネズミといった、あらゆる左右対称動物に存在することが分かっている。

それぞれの名前は、そのタンパク質や遺伝子が発見された経緯に因むものが多い。たとえばFGFは、私たちの表皮でコラーゲンをつくる繊維芽細胞を刺激して、増殖させる因子として発見された。繊維芽細胞増殖因子（fibroblast growth factor）という長い名前が付けられたタンパク質で、その英語の頭文字で略してFGFと言う。

またウィント（Wnt）は、ショウジョウバエの翅がなくなる変異体から発見されたので、ウィングレス（Wingless）と言った。ところがネズミのガンを起こすウイルスを活性化させるタンパク質insertion-1と同じものだということが分かったのだ。そこで、2つの名前を合体させてウィントという造語をつくった。

これらのタンパク質は、まず発生の初期に使われて、その後も繰り返し使われる。楽譜の同じメロディーでも、使われる時期と音量によって異なった効果が出てくるのと同様だ。

たとえばウィント・グループに属するタンパク質は、ハエの発生初期では体節のパターンをつくる際に用いられ、次に体節ごとに脚や翅が生えてくるときに使われる。さらに後になると心臓をつくる際に使われ、最後には脳や眼のパターンをつくる際に使われる。脊椎動物では、ウィントは発生初期において体軸に沿うパターンをつくるときに使われる。そして発生後期には、腎臓や生殖器をつくる際に使われる。

発生に重要な信号タンパク質の名前で面白いのは、ソニック・ヘッジホッグ（Ｓｈｈ）である。これは日本発の有名なゲーム・キャラクター「ソニック・ザ・ヘッジホッグ」にちなんで命名されたものだ。私も大好きなゲームなのだが、ハリネズミのソニックが画面の中を猛スピードで疾走するアクション・ゲームだ。

ショウジョウバエの初期発生で、体節形成に向けて胚を仕切っていく際に働くタンパク質の1つに、ヘッジホッグと名付けられたものがあった。ヘッジホッグとは、ハリネズミのことだ。これは、ショウジョウバエの胚で異常が起こると、表面に棘だらけのような突起が生えるために、付けられた名前だった。その後、同様の分子が脊椎動物の発生過程でも、何種類も飛び交っていることが発見された。そして機知に富んだ研究者が、そのうちの1つをソニック・ヘッジホッグと命名したのだ。

ところがこれが、形態形成において重要極まりない分子だった。ソニック・ヘッジホッグは、初期には脊索から放出される信号の1つとして分泌される。神経管になる細胞たちは、この信号を受け取ると、自分が神経管の腹側になるべき位置にいるのだと知る。こうしてどの脊椎動物でも、神経管が脊索の真上に形成される。逆に神経管の背中側は、BMP4という別のタンパク質が信号となる。

またソニック・ヘッジホッグは、手足ができていく際にも現れる。手足のもとは小さな芽のようなものだ。それが伸びていくときに、下側（後端である小指側）からこの分子が分泌されて、手足の「頭－尾」方向が決まる。指をつくるときにも、同じようにソニック・ヘッジホッグが働く。魚のヒレができるときにも、これと似た信号が用いられる。

一方、手足が基部から先端に向けて伸びるに当たっては、FGFグループのタンパク質が働きかけ、どんどん細胞分裂するのを促す。また手足にも、「頭－尾」の軸のほかに、「背－腹」の軸がある。「背－腹」の軸は、表皮細胞から分泌されるウィントの濃度勾配によって決まっていく。

ここでも、3グループの信号タンパク質が用いられるわけだ。細胞が「頭－尾」・「背－腹」の空間的な位置関係を間違えないように、異なったグループの信号が飛び交って、それぞれ異なった濃度勾配を形成しているのである。

私たちの身体の内臓の配置は、完全に左右対称とはなっていない。心臓は左側にある一方、肝臓は右側が大きい。このような器官の非対称性をつくるときにも、ソニック・ヘッジホッグが活躍する。

発生の初期に、原始線条の先にあった細胞集団の左側から、まずソニック・ヘッジホッグが分泌される。それを受けた中胚葉の細胞集団は、ノーダルという信号を分泌する。次いでPitx－2という左側決定信号が構成されて、心臓など左側の器官がつくられていく。このときに組織の繊毛が回転してできる左方向の水流が、信号の濃度勾配をつくることが分かっている。逆に右側ではＦＧＦが、こうした信号の合成を妨害して、右側の器官ができていく。

眼をつくるときも、神経になる細胞集団の真ん中で、まずソニック・ヘッジホッグが眼の領域を2つに分ける。これが働かないと眼は1つになってしまう。こう言うと、「ソニック・ザ・ヘッジホッグ」のキャラクターが、まだ2つに分かれ切らないつながった眼をしていることを連想して、にやりとする人もいるかもしれない。

このほかソニック・ヘッジホッグは、脊髄・腸・肺などをつくっていくときにも働く。脳のパターンをつくるときにも働くし、運動神経を配置していくときにさえ働く。一方、感覚神経を配置していくときに働くのは、ＢＭＰだ。

ソニック・ヘッジホッグを代表格として見てみた。こうした信号分子と細胞外の受容体タンパク質との関係は、「このタイミングでここをノックされたら、この遺伝子を読み込め」という手順が、細胞の内部であらかじめ準備されているということだ。外界の信号分子はノックをするだけであって、細かく「○○になれ」と指示するわけではない。そこからは、ある水路に沿った分子の連鎖反応が起こるのである。

全く異なる機能を果たすために、同じ信号分子が使われる。これは、そのつど異なった分子をつくるのでは非効率だからだ。信号は、使い回されているのだ。

細胞は自分の周辺を飛び交っている多数の信号の濃度勾配をキャッチし、自分のいる時間と空間、また、他の細胞との関係を認識する。そしてどの遺伝子を読み込むのか、どのタンパク質をどの程度つくるのか、さらに、自分がどう専門分化すべきかを決める。このために細胞たちは信号で対話する。

1つの信号分子は、楽譜に書き込まれているメロディーの1つにすぎない。楽譜全体を読み込んでいるのは細胞の方なのだ。細胞は多数のメロディーの中から、ある特徴的なメロディーをキャッチして、そこから再び自分が読み込むべき楽譜の譜面を選択し、自分としてもメロディーを発信していくのである。

実際に音楽を演奏するときは、即興でなくて楽譜に厳密に記された楽曲であっても、演奏するたびに何分何秒かかるかが微妙に違ってくる。それは、メンバーが楽器によって対話をしているからだ。細胞たちの対話はこれと同様のものであり、受け取る信号の変化を聞きながら、微妙に調節することができるのである。

3　個体発生は砂時計なのだろうか

19世紀の発生学者エルンスト・ヘッケルは、「個体発生は系統発生を繰り返す」という「反復発生説」を唱えた。動物の個体の発生は、その種が属する系統が進化してきた道筋を繰り返す、というものだ。今でも生物学の教科書には、ヘッケルが示した図を掲載しているものがある。読者もご覧になったことがあると思うが、魚類・両生類・爬虫類・鳥類・哺乳類、そしてヒトの胎児を並べると、初期の尾のある姿が類似している、というあの図である。

その影響で、「個体発生は系統発生を繰り返す」という考え方は、現代でもかなり強固な固定観念となっていて、生物の発生に関する原則のように通念されていることが多い。

しかし発生学者には、この考え方をそのまま受け入れる人はいない。今まで本書で見てきた幅広い生物の発生の様子を比較してみても、このことは明らかだ。

ウニの卵は均等に割れていって球になり、そのまま孵化した。それから下方の細胞が陥入して原腸をつくる。他方、ハエの卵は核だけが先に分裂して、後で多数の細胞を区画した。次にすぐに陥入するのではなくて、下方が厚くなって胚と羊膜をつくった。カエルの卵は下に卵黄が溜まっているので、上の方が小さく割れていった。ヒトの受精卵は、そのまま胎児にはならないで、まず胎盤や羊膜のカプセルをつくった。

このように、個体発生は系統発生を繰り返していないのは明らかだ。このためヘッケルの「反復発生説」は、一時期否定されたかのように見えた。ところがホメオティック遺伝子が発見されて、それがハエにもヒトにも同じ順序で保存されていることが分かると、事情は変わってきた。確かに個体の形態レベルでは、すべての個体発生が系統発生を繰り返すというのには無理がある。しかし分子レベルでは、個体発生は系統発生、すなわち進化の道筋を再現しているのではないか、というのである。ヘッケルの反復発生説が、息を吹き返してきたのだ。

ホメオボックス遺伝子は、動物界全般に広がっているばかりでなく、植物や単細胞生物にも存在することが確認された。発生に関連する他の多くの遺伝子についても同様に、多くの生物の系統に幅広く保存されていることが分かってきた。前節で見たヘッジホッグなど4グループの遺伝子も、センチュウからヒトまで幅広く存在する。果たして分子レベルでは、「個体発生は系統発生を繰り返す」のだろうか。

これについては、現在では、進化発生生物学の知見を踏まえて、「砂時計モデル」が提唱され、広く支持されている。砂時計モデルによると、様々な種の発生の仕方を比較して並べてみると、その姿は砂時計の形のように上と下が広く開いていて、中央がくびれて細くなっている。

まず発生初期には、生物によって多様性が高い。先ほど見たように、ウニ、ハエ、カエル、ヒトなどで卵割の様子はすべて異なっていて、様々である。

ところが途中段階では、原腸ができたり体節ができるなど、共通性が高くなる。これが砂時計のくびれの部分だ。そしてそのくびれの時期を過ぎると、再び多様性が高くなって、様々に異なった器官が構築される。ヘッケルが示したエラと尾のある共通の姿というのは、砂時計モデルで言えばくびれの部分に当たるということになる。

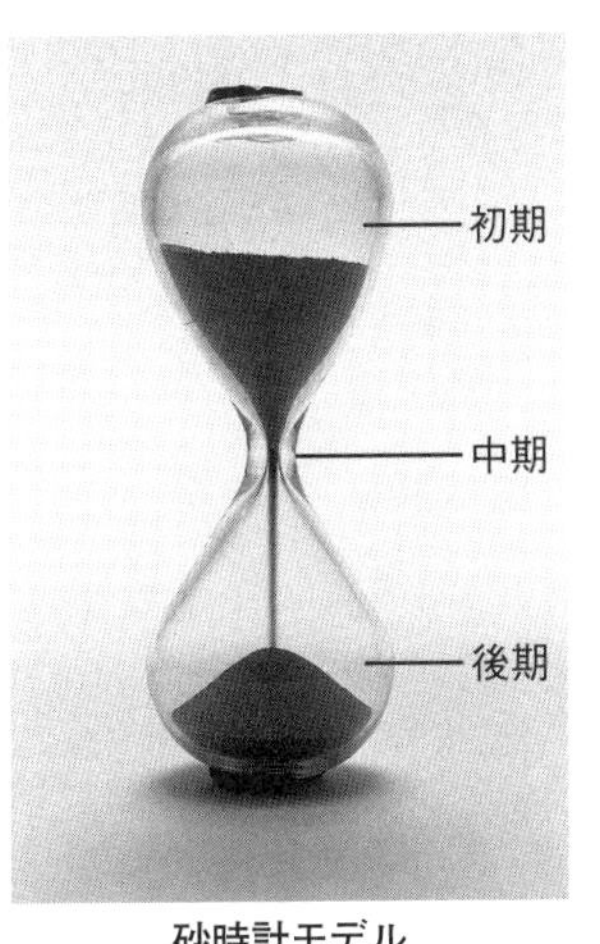

砂時計モデル
(Wikimedia commons)

砂時計のような形になる理由について、分子レベルでは次のように説明されている。発生の初期に多様性が高いのは、受精卵の置かれた条件が様々に異なるからだ。水中に置かれる場合もあれば、陸上で発生する場合もある。卵黄が少ない場合もあれば、多い場合もある。受精卵は1匹の完全な生物なので、発生しながら生き延びていくためには、外界に対して適応してなければならない。このため生物が進化する中で、それぞれの外界条件に適応して、異なった初期発生の様式が選択されてきた。

この初期段階では発生に必要な信号分子の数も限られているし、分子同士の相互作用も限られる。細胞の数も多くない。どこかで小さな変異が起こったとしたら、生物の大枠が丸ごと変化してしまうことが起こりうる。

ところが発生の中期段階となると、事情が変わってくる。原腸や体節といった身体の基本をつくらなければならない時期となり、細胞の数も多くなる。飛び交う信号分子の数も膨大なものとなる。信号分子の数が多いというだけでなく、相互作用する分子の関係が複雑に入り組んで、強い相互依存性をもたらす。

したがってこの時期は、一部を削除したり、大枠を変更したりすることが困難になる。重要な遺伝子の突然変異が生じると、発生はストップし、多くの場合、胚は死んでしまう。これが、砂時計のモデルのくびれの部分なのだ。この段階は、哺乳類ではネズミからクジラまで、種は違ってもサイズは1㎜程度である。

その段階を通過すると、今度は再び生物ごとの多様性が高くなる。発生の後期段階では、手足なら手足、眼なら眼というように、身体のそれぞれの器官が形成されていく。分子の相互依存は、そうした器官の範囲内に留まる。このため、生物が置かれた条件に応じて器官が再び多様化する。ネズミとクジラでは、成体のサイズは100万倍以上違う。砂時計の末端の形状は、再び広がっていくのだ。

これが砂時計モデルである。つまり「個体発生は系統発生を繰り返している部分もあるし、繰り返していない部分もある」ということになる。

砂時計モデルは直観的に説得的ではある。しかし、生物の発生の仕方を比較する対象を、動物に限定したものにすぎないとも言える。植物や単細胞生物は、蚊帳の外だ。ヘッケルが脊椎動物だけを比較して共通原理を提唱したのと同様に、砂時計モデルも生物界全体から見たら限定的なものなのかもしれない。

たとえば、有性生殖する生物は、2倍体の時期から必ず1倍体の時期に戻る。動物でも植物でも、例外なくこのことが起こる。1倍体は精子や卵の時期なので、受精卵の初期発生よりももっと前の段階のことだ。砂時計モデルで発生の初期に多様化するというよりも、実はもっと以前の段階で、のっぴきならない共通のくびれが存在しているのだ。これは、どう考えたらよいのだろう。

2倍体の生物は、男と女が結婚してできた家庭のようなものだった。単細胞生物はその家庭を単位として暮らすし、多細胞生物はその家庭が多数集合したマンションのようになって暮らしている。生物はこのように階層的に進化してきた。むしろ階層という視点を忘れてはならないということではないだろうか。

生物が複雑になっていく過程で、どうしても大切なプロセスの部分は、繰り返さざるを得ない。それは砂時計モデルで説明されているように、分子的な相互依存性が高いからなのだろう。一方で、必須でないプロセスの部分は、削除して捨ててしまうこともできる。細胞たちには、このような「調節」ができるのだ。

砂時計モデルは、個体発生の中に系統発生の痕跡を見出そうとする。しかしそこに無理があると、私は思う。それは生物が進化してきた道筋から見れば、むしろ逆のことなのだ。生物は40億年の昔に誕生した共通祖先から、分岐に分岐を重ねて多様化してきた。そしてあるものは回転ダンスのまわりにさらにダンスを積み重ねて階層を登り、またあるものは元の階層に留まった。

細菌・古細菌・真核生物という太い3本の幹ができ、真核生物という幹は再びいくつもの幹に分かれ、そこに動物界や植物界ができてきた。動物界は、また多数の枝に分かれし、そしてその先がまた何万・何十万という種に分岐してきた。

個体というのはそうした樹状分岐の先で、無数に延ばした触手の1本のようなものである。時間の流れを遥かなる高い位置から俯瞰してみれば、生命の大河の流れの中の短い1本の触手が、さらに未来に向かって伸びて行こうとしているのが個々の生命だ。個体発生も、この流れの中にある。つまり進化の流れは樹状分岐であり、系統こそが先にあって、個体発生は後のものなのだ。

都合のよい部分だけを残して、必要でない部分は削除してしまってもよい。必ず繰り返す必要はないのだ。発生の仕方が多様に樹状分岐した中から、必要な部分について「幹の限定」が起こる。そして新しく必要となった水路を付け加える。つまり、「枝葉の追加」が起こる。

「幹」の部分はいつまでも保存されるので、まるで繰り返しているように見える。「枝葉」の部分については、必ずしも繰り返す必要はない。生物の発生は、確かに循環的な繰り返しに見える部分があるものの、実はぐるぐると回るダンスの螺旋を描いて、一度限りの生を進行し続けているだけだ。個体発生も同じことの繰り返しなのではなくて、大きな時間の流れから見れば、樹状分岐する生物界が伸ばしたたくさんの触手の最先端の姿だと考えるべきなのだろう。

第13章 反復形成・異形形成は階層をなして進む

冬の寒い朝、森の中を散歩していたとき、私は小さなムカデのような形をした透き通るものを見つけた。数cm程度の細長い身体のような部分から、もっと細いたくさんの脚のようなものが突き出している。それを見て、最初は節足動物かその死骸かと思った。しかしよく見ると、それは小さな木の枝だった。水が凍りついていてたくさんの針のように突き出していた。枯れて落ちた木の枝の小片に、朝露が付着して、それが冷気の中で凍り、たくさんの脚のように突き出したのだ。木の枝の凹凸が核となって、そこから氷が張り出し、みごとなムカデの形をつくり上げたのだろう。

水は、条件さえ与えられれば、生物のような形態をひとりでにつくる。たまたまムカデに似ていたというのではない。むしろ、水にこのような物理的な特性があったからこそ、ムカデはムカデの形態になったのだろう。もしそうだとするなら、「水が先で、ムカデは後」なのだ。

ある日の夜、赤ん坊と一緒に入浴していたとき、私は浴槽のお湯の中に、ひらひらと泳ぎまわる小さなものを見つけた。平べったい形をした水生動物に見えた。それは、お湯の中で優雅に泳ぎまわっていた。ヒルかプラナリアのようなものかと思って、少しぞっとした。とは言っても、1cmくらいの小さなものである。捕まえようとして手を近づけてみた。しかしそれは、するりと逃げてしまう。その小さいものと私の手は、しばらくの間追いかけっこをした。やっとのことでお湯と一緒に手のひらに掬い上げてみたところ、それはなんと赤ん坊の鼻から垂れた鼻汁だった。

鼻汁は、主に糖タンパク質からできている。糖タンパク質のねばねばした塊が、水の中を漂うと、扁平な動物の泳ぎのように見える。ここでも、タンパク質の水中運動が先に存在していて、扁平な動物の身体は、その運動を利用する形でできてきたのだろう。

枯れ枝の氷にも幼児の鼻汁にも、生命があるわけではない。しかし材質が集まれば、自然の物理・化学的な力は、自動的に生物のような形態や運動をつくる。ここには遺伝子は関係がない。これは、まだ生物になる前の基礎的な分子や電磁気力の秩序である。生命はこうした秩序が何重にも積み重なり、水路に従って精緻化したものなのだ。

1　物質の自己集合がパターンをつくった

20世紀の後半、リマ・デ・ファリアは、生物の形態や機能は原子や分子のレベルに起源をもっているとして、次のように述べた。

すべての生物学的なパタンとすべての生物学的な機能は無機物界、化学界、そして素粒子界に前兆を持つ。すべての基本形とすべての基本機能は遺伝子や染色体が進化の一般過程に組み込まれる以前にすでに明確になっていた無機的な構成要素を持っている。
（リマ・デ・ファリア『選択なしの進化』池田清彦監訳／池田正子・法橋登訳、工作舎）

それでは遺伝子は何をしているのかというと、ある定まった形態や機能の枠内で、どちらの方向に行くかを提示し、どういった変異を固定するのかを決定しているだけなのだという。自然界で知られている無機物には約３０００の型があるが、それらの結晶の型は７つの基本的なパターン（等軸晶系・三方晶系・六方晶系・正方晶系・斜方晶系・単斜晶系・三斜晶系）のいずれかに収まる。たとえば雪の結晶には何千もの種類があるが、すべては六方晶系のパターンに収まっている。それは水の物理的・化学的性質に温度・湿度などの環境条件が作用することによって形成される。そして雪の結晶は、放散虫の内骨格、鳥の羽などと相似した形となっている。

植物の葉のパターンは、植物で初めて現れたのではない。純粋なビスマスのような無機物のパターンとして、すでに存在している。葉のもつパターンは、すでに原子レベルで用意されていたのだ。リマ・デ・ファリアは、「パターンというものは、先行するパターンからしか生じない」と主張する。この考え方を説明するために、彼は豊富な実例を挙げているので、その一部を瞥見しておこう。

銅の結晶は、植物のヒバマタや動物のヒドラと相似した形である。電気放電の物理現象は、植物の根の断面や棘皮動物オキノテヅルモヅルと相似形だ。純金の葉状パターンは、植物の葉・昆虫の触角・脊椎動物の背骨と相似形になる。アラレ石は、イソギンチャクや化石種のソテツの花と相似形だ。

閃亜鉛鉱に見られる縫合線は、アンモナイトやヒト頭骨の縫合線と相似である。アラレ石の結晶は、ヤマアラシやホネガイに相似する。黒色酸化マンガンは、ケカビの菌糸や小脳のプルキンエ細胞と相似だ。ファルコマライトの結晶は、単細胞のタイヨウチュウやコウジカビの子柄と相似する。

挙げていくときりがないが、これらはいずれも原子や分子が自己集合した結果、現れた構造である。その構造は環境のもとで機能をもつ。たとえば色素は、光を吸収するという機能をもつ。原核生物がもっている光合成の能力も、あるいは分子が周期的に時を刻む生物時計も、分子の機能から登場し、遺伝子はその方向性を固定しただけなのだという。

たとえばウニの骨格は、ほとんどが炭酸カルシウムとマグネシウムからできている。遺伝子からつくられる有機物は、わずか1%にすぎない。無機物の原子は物理法則だけで集合して骨の基本構造をつくるが、有機物はその鉱物構造に介入して、種に固有の変形を行う。軟体動物の貝殻についても、物理的なプロセスで集合する結晶に対して、タンパク質はわずかな修正を施すだけであり、しかしそれが貝殻が球形になるか卵形になるか、短くなるか長くなるかを決定している。

水を構成する2つの水素原子は、互いに相手に対して約104・5度の角度をとっている。この角度は、DNAの螺旋の角度でもあるし、マツカサの模様、カタツムリの殻、ヒナギクの花芯部の配列にも表れる。水の角度が自然界の中で繰り返し現れているのだ。

パターンは、先行するパターンを踏襲する。確かにそう考えなければ、単細胞生物が1つの細胞だけでなぜあれほど多彩になることができるのかが理解できない。アメーバもいれば、鞭毛をもつものもいる。ガラスの箱に入ったり、カタツムリのような殻をもったり、さらには縄文土器のような複雑な鎧をまとったものさえいる。そして1つの細胞だけでこれほど多彩になることができるのだとしたら、多細胞生物がどれほど複雑になったとしても、不思議ではないのである。

生物のもつ構造や機能は、このように物質が自己集合する作用によって反復形成される。部分ごとに反復形成が起こり、それが停止させられなければときとして過剰になる。過剰になりすぎたり、制約要因にぶつかった場合、そこで方向転換が起こる。これが異形形成だ。

リマ・デ・ファリアは、遺伝子以外にも「芽」となる要因があるのだと主張したわけだ。芽は鉱物にも存在し、それが反復形成して組織化する。微繊維は自律的に重合して伸びる。リン脂質は自然に集合して二重膜の球をつくる。また、細胞が分泌してつくる細胞外のマットも、自己集合して形態を形成する。

「芽」からの伸長がどの時点で制約要因に遭遇するかによって、細胞集団は柔軟に戦略を変更することができる。しかし芽の伸長の仕方が遺伝子によって固定されると、その発生の道筋は簡単には変更ができなくなる。つまり遺伝子は記録、あるいは音楽で言えば楽譜のようなものであって、それを読み取る方の内的秩序にはもともと一定の自由度がある。その自由度を各種の信号によって制限していくプロセスこそが、発生の現象なのだと考えられる。

生物の個体のそれぞれの部分は反復形成する系であり、それぞれの系ごとに進化している。こうした部分的に進化する系を統合したものが、個体なのだ。生物にとってはそれら多数の系の「統合」ということが大切なのであって、ここに「調子が良いか悪いか」といった認識力が必要となってくる。

ここまでくれば、後はほんのわずかの主体的な認識、つまり生き延びようとするための衝動、あるいは気分といったものがあれば、生物は変化する。物理・化学的に自己集合する系に対して、「恒常性を維持したい」あるいは「損傷を避けたい」という認識力が働けば、系は異形形成するのだ。

そして個体は部分的に進化するたくさんの系が統合されたものであるため、反復形成・異形形成は階層を成している。悠久なる生命の歴史を圧縮して振り返りながら、こうした階層がどのように発展してきたのかを以下に概観してみることにしよう。

2　低分子・高分子から6億年で生命へ——第1階層：生命の誕生

地球が誕生したのは約46億年前のことだったとされる。現在知られている生物の最古の痕跡は、39億5000万年以上前のものだ。その痕跡というのは、2017年に小宮剛が発表したカナダ・ラブラドル地方の堆積岩に含まれていた生物由来の有機炭素である。生命の起源は、従来知られていたよりも2億年ほども遡ることが判明した。地球誕生後、約6億年のうちに分子が進化を遂げて、私たちの共通祖先が誕生していたことになる。

隕石や彗星からは、アミノ酸などの有機物が80種類以上発見されている。生物のもととなった分子が、宇宙に由来するものと考えられるのはこのためだ。しかしアミノ酸は生物をつくる最初の素材にすぎない。それが長くつながったタンパク質となると、今のところ地球以外の場所では存在が知られていない。

小さな低分子が反復形成すると、長大な高分子になる。アミノ酸はタンパク質になり、糖は多糖類となり、塩基を含むヌクレオチドは核酸となった。

そこから高分子は反復形成して、さらに複雑な構造をつくる。長い分子が縦に並ぶと糸状になり、横に手をつなぐと円環状になる。横に手をつないだものが平面を埋めると膜になる。さらに膜が端をなくすと袋になる。このようにして分子が自己集合しながら、膨大な数のネットワークを形成して行った。

6億年に及ぶ何段階もの分子の進化を経て、ついに最初の生命が誕生する。その場所は、海底の熱水噴出孔の周辺であったという説が比較的有力ではあるものの、しかし生命の起源については、様々な主張があって意見の一致を見ていない。その場所は、干潟だったという説もあれば、陸上の温泉、黄鉄鉱の表面、大気の雲の中だったという説もある。火星の砂漠で生命が生まれて地球に降ってきたという人もいる。

いずれにしても最初の生命（究極の共通祖先ＬＵＣＡ）が誕生した。分子たちが反復形成し、やがて物質界の中で一段階飛躍して生命という異形形成をもたらした。ここまでの過程を第1の階層としておこう。もちろん宇宙創成の約138億年前から地球が誕生するまでの長い期間、そしてついに生命が誕生するまでの長い期間には、何段階にも及ぶ物質の進化過程があったことは疑いない。しかし生物の階層という観点からは、ここまでを一括りにしておいてもよいだろう。

3　細菌・古細菌の2大勢力が20億年間せめぎ合った ―― 第2階層：原核生物

現存するすべての生物は、40億年前頃に誕生したたった1つの共通祖先の末裔だと考えられている。それは、すべての生物が共通して、非常に特殊な性質をもっていることによって裏付けられる。すべての生物は、①核酸（DNA・RNA）を遺伝情報に用いている、②タンパク質合成指令として、64通りの暗号（遺伝暗号）を用いている、③左巻きのアミノ酸を用いている、④エネルギーの受け渡しにATP（アデノシン3リン酸）を用いている、といった特徴が共通しているためだ。極めてわずかな例外はあるものの、それらは派生的に変化したものだと考えられている。

誕生した共通祖先は、いずれにせよ1つだけで海中にふわふわと漂っていたわけではないだろう。その周辺には類似の有機物、あるいは生命に準じるものが多数漂っていたはずだ。多数の生命が誕生したものの、共通祖先だけが生き残って、他は絶滅したという可能性もある。分子のレベルで膨大な数のネットワークが存在したのと同様に、共通祖先は似たようなものたちとの相互作用するネットワークのただ中にいたことだろう。単一の生命ではなくて、ネットワークぐるみで進化したはずなのだ。

共通祖先は、原核生物である。極めて微細で、後の生物から見れば単純な身体ながら、すでに主体的な認識力を備えていたことだろう。

共通祖先が登場した後、比較的早い時期に生物は細菌と古細菌という2つの領域に枝分かれしていった。そしてそれぞれの領域で樹状分岐して、多彩な呼吸・代謝方法をもった細菌や古細菌が登場した。温暖で静かな海にある細菌がつくった岩ストロマトライトや深海の熱水噴出孔からは、すでに37億年前には多種多様な原核生物が存在していたという痕跡が発見されている。

細菌と古細菌という2つの勢力は、せめぎ合っていた。当初は、古細菌の方が優勢だったかもしれない。しかし、やがて細菌の中から光合成するものが登場するに及んで、細菌側が決定的な勝利を収めた。光合成細菌（シアノバクテリア）の誕生は、30億年以上前に遡るようだが、確実なことは分かっていない。確実なのは、24億年前頃から爆発的に増殖したということだ。

光合成細菌は太陽光のエネルギーを利用して、二酸化炭素（無機物）から糖質（有機物）を合成することを可能にした。その際に水の水素からエネルギーを得て、不要となった酸素を廃棄物として捨てた。原始の地球に酸素はほとんど存在しなかったが、光合成細菌の活動によって酸素が海に蓄積し、鉄を沈殿させた。次いで酸素は大気に蓄積した。やがて徐々に増加したり減少したりして、現在の大気の酸素濃度は21％で落ち着いている。

原始の生物たちにとって、酸素は猛毒だった。反応が激烈であるために、DNAを破壊してしまうのだ。光合成細菌が異常発生したことによって、酸素の毒のために、多数の原核生物が死滅した。深海や熱泉のような酸素のない極限環境に逃げ込むものもいた。一方、そうした中で、酸素を利用することのできる細菌が現れて、優勢になっていった。酸素呼吸細菌（αプロテオ細菌の一種）である。

ここまでの約20億年間には、原核生物しかこの世に存在しなかった。様々な原核生物が反復形成しながら樹状分岐していくという過程だ。しかし次に、いくつかの原核生物が合体して、真核生物が誕生するという事件が起こった。それは一段階レベルの高い異形形成となり、新たな階層を形成していったのだった。

4 鞭毛1本のグループと2本のグループに枝分かれ——第3階層：真核生物

真核生物が登場したのは、約20億年前頃とみられる。古細菌のうちアスガルド・グループの祖先が、酸素呼吸細菌を飲み込んで合体した。これは、歴史の中で一度だけ起こった大事件だった。飲み込まれた酸素呼吸細菌は、ミトコンドリアの祖先である。真核生物は、単細胞でも植物でも動物でも、基本的にすべてミトコンドリアをもち、酸素呼吸だけを行うようになった。

２０２０年に井町寛之と延優は、アスガルド・グループのロキ古細菌の1種について、培養を成功させたと発表した。この古細菌は長い触手のような突起や真核生物に特有のアクチン、ユビキチン、さらには小胞体輸送に関する遺伝子をもっていた。これによって生きたアスガルド古細菌を分子レベルで確認できるようになり、古細菌こそ真核生物の祖先だということが、ほぼ証明された。

知られている真核生物の最古の化石は、前にも見た18・5億年前のグリパニアである。真核生物は、酸素呼吸と食作用によって獲得エネルギーを飛躍的に増加させ、細胞のサイズを拡大しながら多様化していくことができた。

次に真核生物は、2つのグループに分かれて行った。鞭毛を1本だけもつ「ユニコンタ」のグループと、鞭毛を2本もつ「バイコンタ」のグループである。私たち動物やその近縁に当たるカビ・キノコ（菌類）は、鞭毛1本だけの「ユニコンタ」に属する。鞭毛を捨ててしまったアメーバのグループも、近縁に当たる。

一方、鞭毛2本の「バイコンタ」の方は、多数のグループに分岐して行った。大きく言えば、6本の幹に分岐していく。①植物（アーケプラスチド）、②ミドリムシなどのエクスカバータ、③ゾウリムシなどのアルベオラータ、④ケイソウなどのストラメノパイル、⑤円石藻などのハクロビア、⑥有孔虫などのリザリアである。

このうち1本の幹に当たる原始植物の系統では、最初から光合成ができたわけではなかった。バイコンタが成立してからしばらくしたとき（おそらく十数億年前のあるとき）、単細胞だった植物の祖先が、今度は光合成細菌を飲み込んで合体した。これも、歴史上たった一度だけ起こった大事件だった。飲み込まれた光合成細菌は、真核細胞の中で共生し、やがて葉緑体となった。これによって植物の系統は大成功をおさめ、やがて陸地のすみずみにまで進出していくことになる。

一方、ケイソウ、ミドリムシ、円石藻など他の幹では、この合体生物である原始植物（単細胞の藻類）をさらに丸ごと飲み込んで合体した。こうして三重の合体生物ができた。しかもこれは比較的容易にできたようだ。三重合体生物は、いくつもの系統で何度も独立して出現したのだった。

5　有性生殖が多くの幹で登場――第4階層：2倍体生物

最初の頃の真核生物は、無性生殖だけの1倍体生物だったはずだ。ところが10億年ほど時間をかけながら多様な系統に分岐して行き、その過程で有性生殖するものが現れてくる。謎なのは、有性生殖がいつ頃、いったいどうやって登場したかである。

本書で見てきたように、有性生殖の始まりは、同種の1倍体同士が、冬や厳しい時期を乗り切るために接合したことにあるものとみられる。しかし不思議なのは、有性生殖が異なった多数の幹で何度も出現しているということだ。

真核の単細胞生物を8つの幹に分類すると、そのうちほとんどの幹では、無性生殖だけの種もいれば、有性生殖を行う種もいる。たとえばアメーバは、無性生殖しかしない1倍体だ。しかしアメーバと同じ系統から出てきた細胞性粘菌や変形菌は、ある時期に有性生殖をして2倍体となる。このような幹がいくつもあるのだ。

多くの幹で、有性生殖が何度も繰り返し開発されたのだろうか。そう考える人もいる。しかし減数分裂のような複雑な仕組みが何度も独立に発明されて、しかもそれが全く同一の分子機構で担われているということは、考えにくい。

そうすると、ほかに考えられる可能性は2つある。1つは、真核生物が枝分かれする前の祖先の段階で、すでに有性生殖が成立していたということだ。こう考える場合、無性生殖だけの種というのは、その後に有性生殖をする種から「退化」したということになる。しかし、たとえばアメーバの系統だけでも、何千種にも及ぶ。細胞性粘菌や変形菌は有性生殖を行い、時期によって単細胞から多細胞になるという複雑な生活史をもっている。こうした複雑な生物が先にあって、そこから何千種にも及ぶ無性生殖だけの単純なアメーバが退化してできたとは、考えにくいのではないだろうか。

そうだとすると、残るもう1つの可能性は、減数分裂を行う分子機構の「芽」があって、それが何らかの理由で多数の幹に飛び移ったということだ。その飛び移った芽というのが、遺伝子だったのか、リマ・デ・ファリアが言うような物質の芽だったのかは、今のところはまだ全く分からない。この問題については、今後の解明を待つしかないだろう。

いずれにしても有性生殖は、1倍体だけの世界から2倍体の世界をもたらした。そして遺伝子を組み合わせ、あるいはシャッフルすることによって、真核生物は階層を1つ上がって、限りない豊かな多様性を花開かせたのである。

6　多細胞化は植物が先、動物はずっと後 ── 第5階層：多細胞生物

単細胞生物が群体となり、それがつながりあって統合されると、さらに1段階の階層を上がって多細胞生物となる。発見されている最古の多細胞生物の化石は、12億年前の「バンギオモルファ」であ

る。バンギオモルファは、植物細胞が一列に並んだ形をしていて、微細なツクシの頭が茎に付いているように見える。陸地にコロニーをつくった紅藻類だったとされる。そうだとすると、現生の植物の系統がコケ類として上陸するよりも遥か以前に、陸地の水たまりや湿った土の上のあちこちには、それとは別の系統の微細な藻類の群落が見られたということなのだろう。

動物が多細胞化したのは、それよりもずっと遅い。単細胞のエリ鞭毛虫が群体をつくっていたのは10億年前頃と推定される。分子の解析からは、カイメンは9億年前には登場していたものと考えられており、岩石から8・9億年前の痕跡を発見したという報告もある。一方、カイメンの明確な証拠が見られるのは7億年前であり、それも化石ではなくて化学バイオマーカーと呼ばれる間接的証拠によるものだ。

6億3500万年前から始まるエディアカラ紀となると、平べったい楕円形のディキンソニアをはじめ、かなり大きな多細胞動物が70~100種類も出現する。その中には、キンベレラやスプリッギナのように左右対称の形をしたものも見られる。このことから、エディアカラ紀にはすでに神経系が登場していたものと考えられる。

5億4100万年前から始まるカンブリア紀には、「カンブリア爆発」として知られる多種多様な動物たちが登場する。現存する動物のほとんどに当たる約32門が、この時期に登場した。それだけでなくこの時期には、5つの眼をもつオパビニアや、背中に脚のような棘があるハルキゲニアなど、現在では見られなくなった特殊なデザインの動物も存在した。

多細胞生物には、細胞間の架橋がある。植物細胞の「原形質連絡」は、太い架橋トンネルであって、細胞質が相互につながっている。そこを通って小型のタンパク質やRNAも移動する。動物細胞の「ギャップ結合」は、内径にしてその数分の1の小さな穴であって、この穴は、できたり消えたりする。この穴を通って電気が流れるだけでなく、無機イオンや水溶性の小分子、そして低分子のRNAが通過する。動物細胞がタンパク質を通過させることはない。

多細胞生物になることによって、栄養活動と生殖活動が両立しただけでなく、多様な器官が発達する可能性が開けた。しかも多細胞化は、生物界のあちこちで何度も起こった。鞭毛1本だけだった私たちの遠い祖先からは、動物の枝ができただけでなく、カビ・キノコといった菌類の枝も分かれていったのである。

7　木の葉にも一生がある――第6階層：器官

カンブリア動物たちは、形態から見て、感覚器官・摂食器官・生殖器官などをすでにかなり高度に発達させていたものとみられる。組織というのは同じ種類の細胞の集まりであり、器官は、その組織が多数集まり特定のまとまった機能をもつようになったものである。動物に器官が登場してきたのは、6億年前から5億年前の間ということになる。

これに対して植物が器官を形成するのは、意外にも動物より1億年も遅かった。茎・葉・根といった器官が登場するのは、4億5000万年前頃にコケ類が上陸に成功した後になってからのことだ。

花器官に至っては、誕生するのはようやく2億〜1億2500万年前になってからのことだ。

植物の細胞というのは、無限に成長できる可能性をもっている。それにもかかわらず、葉や花といった器官になっていく細胞たちは、わざわざ無限の生を捨てて、やがては死んでいかなければならない局地的な細胞社会を形成する。したがって、たとえば1枚の木の葉にも、一生と言うべきものがある。

まず葉の誕生は、茎の先についた芽の細胞が側方に分裂するところから始まる。タンパク質もどんどん合成されて、葉は面積を広げていく。しかし葉の最終的な大きさの3分の1から2分の1になったところで、細胞分裂は停止する。その後は細胞の数を増やすのではなくて、細胞の液胞が伸長していくのだ。こうして葉は成熟し、タンパク質は代謝を継続する。しかし高分子や光合成の能力については、この頃からすでに分解と喪失が始まっている。

秋になると、葉が黄変していく。高分子の喪失が加速し、タンパク質の合成は停止する。しかしこの時期の老化は、植物にとっては逆行することも可能だ。たとえば弱い光にさらしたり、柄に植物ホルモンのオーキシンを与えたりすると、若返ることがある。外界の季節変化に対して、成長は可変的なのだ。

秋も深まり、老化が進んで修復の限界を超えると、葉は乾燥して落葉する。葉が黄色や茶色に紅葉するのは、樹木が葉緑体を分解して、材料を回収しておくためだ。また、この時期にモミジやカエデが鮮やかな赤色に紅葉するのは、葉緑体を分解するとき、紫外線からＤＮＡを守ろうとして、わざわざ赤い色素（アントシアニン）をつくるからだ。

このように葉は、まるで1つの個体のようなものだ。もちろん茎や根などの他の器官ともつながっていて物質のやりとりをしているものの、一方で自律的な領域をもっている。葉なら葉の領域が反復形成される単位となって、樹木は鬱蒼と茂り、おびただしい数の葉をつける。1本の樹は、葉という個体の群落のようなものなのだ。

動物の体節もこういった繰り返しの構造である。ミミズの体節は100にも及ぶ。その1つ1つの体節に筋肉・血管・腎臓・神経節があり、同じ構造の繰り返しとなっている。長い紐のようなサナダムシでは、多数ある体節ごとに生殖器をもつ。そして体節が切り離されると、それぞれが1つの個体に育っていく。ムカデや昆虫のような節足動物に体節があるのは目で見て明らかだが、魚の骨や身からも分かるとおり脊椎動物の背骨や背筋も体節の繰り返し構造となっている。

タコなどの軟体動物は、体節の繰り返し構造を捨ててしまった。しかし立派な体腔をもっていて、その中で心臓・消化管をはじめ、様々な臓器を発達させた。昆虫のように体節のある動物とタコのように体節のない動物は、同じ階層に属していると考えてよいだろう。それは、植物の巨大な樹木と背の低い草本が、同じ階層に属しているのと同様のことなのだ。

8　脳・神経系は探索行動を複雑化 —— 第7階層：脳・神経系

脳は器官の1つである。しかし他の器官とは異なって、全身を直接的に統合する特別な器官だ。意識を生み出す中心となるものもまた脳だ。ここでは、脳・神経系の進化の様子を見てみよう。

　すでに見たように動物の神経系は、6億年前頃には登場していたものとみられるが、それがさらに脳にまで集積されたのはいつ頃からだったのだろうか。

　約5億年前のカンブリア紀に登場する三葉虫は、何重にも連なった体節の前方に立派な複眼をもっている。レンズのある眼をもって、3次元的な世界の映像を初めて見たのは、三葉虫だったとされる。三葉虫が脳をもっていたことは、疑いない。

三葉虫

　私たち脊椎動物に近い系統には、カナダのバージェス頁岩から発見された体長5㎝のピカイアがいる。しかしまだ背骨がなくてナメクジウオと同じ頭索動物の一種であり、眼も脳も未発達だったと考えられている。これに対して、中国の澄江で発見されたミロクンミンギアとなると、体長は2・6㎝と小さいながら、すでに背骨を備え2つの眼をもっている。ミロクンミンギアには脳があって、外界の光景を統合していただろう。

　動物界で登場した細長い神経細胞は、他の細胞と縦または横につながるだけではなかった。神経細胞の前端からは多数の触手が生え、後端からも何本もの細い足が出て、他の細胞とつながる。これによって神経細胞の集団は、ジャングルジムのような絡み合ったネットワークをつくることが可能となった。そのネットワークで迅速に信号を送りあうのが、神経細胞の際立った特徴だ。ヒトの脳では、1つの神経細胞が実に1万個以上もの細胞と接続している。

このように2次元・3次元的に情報を送りあうことによって、動物の脳は平面空間、立体空間を把握することができるようになった。

ミミズの神経細胞の数は数千から1万個程度と考えられる。しかしミミズは穴を掘ったり土を食べたりと、生まれもった本能的行動ができるだけではない。個体としての経験から「学習」することもできるのだ。T字路の通路で右に曲がると砂糖水を与え、左に曲がると電気ショックを与えるようにしておく。何度もT字路を曲がる経験を積ませると、ミミズは右に曲がるようになる。ミミズの脳・神経系の中で、右と左という空間のイメージが内的地図として描かれたのだ。

大きな複眼をもっていて敏捷に飛び回る昆虫ともなると、脳の神経細胞の数は、桁が上がって10万から100万となる。約100万個もの神経細胞をもつミツバチは、空間を立体的に認識していて、「遠距離感覚」を備えている。そして神経系の中に3次元の内的地図をつくって、しかもそれをしっかりと記憶することさえできる。いくつもの花の群落をジグザグに渡り歩いて蜜をためると、自分の巣に一直線に戻る。またマルハナバチは、前日に訪問した花の蜜の量や巣からの距離を記憶していて、その日、最も効率の良いルートを選択して出かける。

脊椎動物となると、神経細胞の数は、他の動物門とは比較にならないほど激増した。魚類で1000万個、ネズミで1桁上がって2億個、ネコで8億個、アカゲザルではまた1桁上がって64億個となる。私たちヒトでは、さらに1桁上がって850億個だ。

脊椎動物では神経細胞が爆発的に増加したことによって、視覚の地図・聴覚の地図・皮膚感覚の地図というように、内的地図を重層的につくった。そしてそれを統合して、1つの空間として認識する。コウモリは超音波で内的地図をつくる。イヌは匂いで内的地図をつくる。マムシは、眼の前方下にある窪み（ピット器官）で赤外線を探知して、暗闇でも獲物を立体的に見る。またジムナルカスという電気魚は、水中に発信する電波の反響によって内的地図をつくる。

脊椎動物では記憶力も高度に発達し、何年経っても消えない長期記憶ができるようになった。さらに私たちヒトでは「想像力」や「思い出」により、目の前にない遥かな空間や目の前にない遠い時間でも、想起し再現することができるようになった。

このように脳・神経系の飛躍的な発達によって、動物は空間認識・時間認識を他の生物にはないほどに発達させた。これは発生における「反復形成・異形形成」という観点からは、どのように位置づけられるのだろうか。

それは、個体が探索行動することのできる範囲が、飛躍的に拡大し、また柔軟性を増したということだと言える。

植物や単細胞生物の運動は、直線的なものだ。植物の場合、伸長するという運動は、多くは形態形成と同じものだ。ツル植物は、茎を伸長しながら地面や木の枝を這っていく。クズの1個体は何本もの茎をもち、1年間に1500mも伸びる。他方、オジギソウの葉やヒマワリの花のように部分的に上下運動や回転運動するものもあるが、それはあくまでも葉や花という器官の範囲であって、局所的に限られた運動だ。

反復形成・異形形成の階層

	反復形成	異形形成	登場した時期（推定）
1 分子レベル	低分子→高分子 高分子→複合体	多様な分子間の相互作用	46億年前から 40億年前の間
2 原核生物	分裂・増殖	代謝の多様化 食作用の登場	40億年前頃
3 真核生物	分裂・増殖 細胞内小器官	接合	20億年前頃
4 有性生殖する生物	1倍体と2倍体の世代交代	減数分裂による多様化	10数億年前頃
5 多細胞生物	細胞の群体社会	細胞・組織の機能分化	12億年前頃
6 器官・3胚葉	器官・体腔・体節	その特徴化（ホメオティック遺伝子など）	6億年前頃
7 脳・神経系	神経系の網目状接続 探索行動の反復	探索行動の多様化 選択自由度の拡大 （＝意識の登場）	5億年前頃

しかし脳・神経系のある動物は、個体としての選択の自由度が他の生物に比べて格段に高まった。個体の探索行動そのものが、生まれたときから反復形成される。またときとして、ストレスを受けて行動の仕方が異形形成される。捕食動物は何度も何度も狩りを繰り返しながら、脳・神経系によって調節され、狩りの動きが上達していく。

年をとったアリは、若いアリよりも、食料を見つけて近道をすることが上手になる。スズムシの鳴き方や小鳥の歌、ニワシドリのダンスのような異性に対するアピールも、何度も何度も反復形成されて上達していく。脳の神経細胞のネットワークは、そうした繰り返しのプロセスの中で刈り込まれて、彫琢されていく。

動物が適切に行動するためには、記憶し、誤差を確認し、予測することが必要だ。これはいわば、過去・現在・未来を認識することである。

記憶のためのそれぞれの部分に専用の回路が必要なので、脳・神経系の細胞集積が必要となる。たとえば昆虫の脳では、「前大脳」で視覚、「中大脳」で触覚、「後大脳」で味覚を感知するが、前大脳に「キノコ体」という膨らんだ部分をもっている。これが、多数の感覚を総合して記憶する専用領域である。哺乳類ではもっと大きな「海馬」やその周辺の「傍回部」が、記憶を交通整理する。動物は、進化するにつれて重層化された脳をもつようになったのだ。

こうして動物は、視覚をはじめとする各種の感覚器官を発達させて、３次元空間を認識する空間認識（遠距離感覚）を手に入れた。また同時に、過去・現在・未来という幅をもった時間認識の下で生きるようになった。それが、「意識」だったのである。

第14章 信号の階層が内的秩序を発展させた

私たちの遥かな長い旅も、最終章へやってきた。ここではもう一度、窓辺に立って、遠くの景色を眺めてみよう。

遠い山から吹いてくる風を受けて、あちこちに茂っている木々のたくさんの葉が、さらさらと優しい音を立てながら揺れている。木の枝ではクモが、きらめく銀の糸で巣を張っていて、空中を飛行してやってくる昆虫をじっと待ち構えている。よく通る甲高い声で小鳥がさえずる。それに呼応して、他の小鳥たちが鳴き交わす。人々は道を歩みながら会話をしている。窓から見える光景。これが、世界だ。

本書の中で、私たちは多数の信号を見てきた。たとえばホメオティック遺伝子からできたタンパク質は、細胞の内部で信号として働き、次に遺伝子を読み込むための水路を指し示していた。一方ソニック・ヘッジホッグは細胞外部へ分泌されて、他の細胞のドアをノックした。そして私たちは、信号はきっかけにすぎなくて、内的秩序の方が次なる展開をあらかじめ準備していることも見てきた。

まるで音楽のように信号が飛び交っているからこそ、その解釈や対応をめぐって生物は多様化する。

しかし個々の生物が、単独で多様化していくというものではない。空間の中で信号が飛び交っているからこそ、生物と生物、細胞と細胞は相互作用して、ネットワークを形成する。生物たちはこうしたネットワークぐるみで、悠久の時間の彼方から進化してきたのだ。

最終章では、こうした様々な信号を分類して階層的に見ることによって、私たちの存在が大きな流れの中にあることを確認しよう。

1　3種類の信号が外界を飛び交っている

生物が情報として利用している信号を、①「接触信号」、②「電磁信号」、③「化学信号」というように3つに大ぐくりして、分類してみたい。「接触信号」というのは、直接的な接触だけでなく、ここでは空気や水などを媒体として伝えられる力の情報を含めて総称しておきたい。たとえば音声というのは、音波が空気や水を通して伝達され、聴覚細胞の感覚毛を曲げることによって感知されるので、接触信号に含めることにする。また外界からの情報には重力もあるが、重力はあらゆる生物にとって生まれたときから所与のものであり、たとえば私たちの内耳では耳石が感覚毛を曲げることによって平衡感覚が生じるので、これも広い意味で「接触」としておこう。

生物の形態形成には、接触や重力を感知することが大きく働いている。植物の根は重力に沿って下へ伸びていくし、逆に茎は重力に逆らう形で上へ伸びていく。動物もまた潮の流れや満ち引き、風や大気の循環といった媒体がつくる力の現象に影響されながら暮らしており、その暮らし方に応じて形態を形成する。細胞と細胞は接触しあったり、細胞外のマットを感知したりすることによって、並び方や配列を決める。

2番目に掲げた「電磁信号」は、電磁気力によって伝えられる信号であり、電磁気力は素粒子がもっている電荷によって生じる。一般には電気や磁力のことだが、生物の感覚情報として最も基本的な外界の電磁信号は、「光」である。

ヒトにとっての可視光線は、電磁気力のうちおよそ360〜830㎚の部分である。感知できる電磁気力の範囲は、生物ごとに異なっている。たとえば植物は、ヒトより広い電磁波の領域が感知できるので、私たちに見えない紫外線や赤外線も見えている。昆虫の眼に見える範囲は、ヒトよりも短波長の方にずれているので、昆虫には紫外線が見えているものの、一般に赤色は見えない。

細胞レベルでの電磁気力としては、細胞膜に「膜電位」という電気が発生する。膜電位は、外界の刺激に応じて、細胞膜が膜の内外に電位差を生じることによって起こる。また、脳波や心電図に示される電気のほか、筋肉・胃・眼の網膜など、至るところで電気が発生している。筋肉では、ぐっと力を入れると電気が発生する。デンキナマズの発する強烈な電気も、これと同じ原理で発電されている。

マイケル・レヴィンによると、生体電位の勾配は、細胞内の小器官の段階から、細胞の段階、組織の段階、肢の段階を経て、動物個体の段階にまでわたる様々なレベルで見つかり、生物体を統一しているのだという。

3番目に掲げた「化学信号」は、化学分子によってやりとりされる信号であり、化学分子を構成す

外界信号と生物の感覚の例

信号		信号の内容	生物側の感覚・感覚器の例
接触信号（接触・媒体力）	接触	接触刺激	ゾウリムシの繊毛、ハエトリソウの葉、ヒトの皮膚感覚
		水流	魚類の側線器官
	音	超音波	コウモリ・クジラ・イルカの反響定位
		可聴音	ヒトの耳（聴覚細胞）
		低周波	渡り鳥の方角認識、クジラ・ゾウのコミュニケーション
	重力	引力（上下方向）	植物の上下感覚（平衡石） ヒトの三半規管・耳石
		回転・方向	ヒトの三半規管・体性感覚
		気圧	イヌの鼻先
	温熱	寒暖・熱冷	ヒトの皮膚感覚（触覚細胞） 昆虫の触角
電磁信号（電磁気力）	光	光一般	光合成細菌、ミドリムシの眼点、植物のフィトクロム
		紫外線	昆虫・魚類・爬虫類・両生類・鳥類の眼
		可視光線	ヒトの眼（視覚細胞）
		赤外線	イヌの鼻先、ヘビのピット器官
		偏光	ミツバチ・渡り鳥の偏光受容
	電気	膜電位	細胞の膜電位（ナトリウム・イオンの流入）
		電流	神経細胞の発火（活動電位）、脳波、生体電流
		空間電位	ジムナルカス（弱電気魚）の放電 サメのロレンチーニ器官
		電気による攻撃	デンキナマズ、デンキウナギ、シビレエイ
	磁気	磁気感覚	渡り鳥、クジラの方向認識
化学信号（化学分子）	化学分子	匂い	大腸菌の受容器、粘菌の集合 昆虫・哺乳類のフェロモン 植物のアレロパシー ヒトの鼻（嗅覚細胞）
		味	魚類のヒゲ、昆虫の触角・前肢 ヒトの舌（味覚細胞）
	水	水	細胞のイオン・チャネル、植物の水ストレス反応
		湿度	昆虫の触角（湿度感覚器）

（注）水は化学分子の1種とした。温熱はエネルギー状態なのでどの信号にも関係するが、ヒトの温度感覚は主に皮膚感覚から発達したものなので、ここでは接触信号の欄に分類しておいた。

る原子の組み合わせによって、無限に多様な種類のものが生み出されうる。接触信号や電磁信号の情報の内容は、「ある」か「ない」かに限られていて、その強さと方向といった情報しか含まれない。これに対して化学分子は、お互いが重層的につながることによって、どこまでも複雑な形になることができる。

細胞膜に特定の化学分子に対する受容体があれば、細胞はその分子を認識する。感覚情報としては、それは匂いや味となる。受容体がなければその分子は認識されず、存在しないのと同じだ。生物によって受容体の種類が異なっており、たとえば植物同士はエチレン、青葉アルコールといった気体の分子によって信号を送る。

外界の信号と生物の感覚の関係については、右の表のように分類してみることができるだろう。

2 信号は階層をなしている —— 第1階層：細胞内部の信号

生物たちが長い時間をかけて相互作用しながら階層を登って行った様子を見て来たが、その相互作用をするための信号は、どのようなものだっただろうか。

自然界には、音声、視覚情報、匂いなど様々な情報が飛び交っているが、これらを先ほどの表で見たように、大きな3つのくくりに分類することを試みたい。そして、それらの信号もまた、生物の階層の中を登っていったという様子を概観してみよう。

まず第1の階層は、「細胞内部」で飛び交う信号だ。分子同士で伝達される信号である。ここでも信号は、接触信号、電磁信号、化学信号の3領域に分けられる。

まず「接触信号」としては、分子そのものの立体的な構造からくるものが挙げられるだろう。タンパク質がぴたぴたとものに接着するのは、その折りたたまれた形（3次元的な構造など）とアミノ酸が帯びている電気によるものだということを見てきた。分子と分子がぶつかって、はまりあうのは接触によるものであり、一方、分子同士が引き合ったり、反発しあったりするのは、次に見る電磁気力によるものだ。

2番目の「電磁信号」には、分子レベルで働くものと細胞レベルで働くものとがある。タンパク質などの高分子には、水素原子、イオン、その他の原子の電荷などによって様々な結合力（水素結合、イオン結合、ファンデルワールス力など）が働く。これら1つ1つの力は微弱なものだが、まさに微弱だからこそ接着したり離れたりできる。

また細胞内部のレベルで重要なのは、先ほど見た細胞膜の「膜電位」だ。ふだんはナトリウム・イオンを排出し、カリウム・イオンを流入させることによって電位差を生じている。刺激があると専用通路が開いて、ナトリウム・イオンがどっと流入してくる。すると細胞内部は突如として高い電気を帯びた状態になり、「発火」するのだ。

この現象は多くの動物細胞で見られるが、特に神経細胞が興奮したときに生じる活動電位として、よく知られている。神経細胞では、刺激に興奮して活動電位を発生させた際、身体のあらゆる方向に伝わってしまったのでは、収拾がつかなくなる。そこで伝達方向の交通整理を行うために、神経系は長い触手をもち、他の神経細胞との接合部（シナプス）をつくるのだ。脳の部位によっては、1㎣に1億の接合部がある。

3番目に挙げた「化学信号」は多彩である。細胞内部で伝達される化学信号のうち、カルシウム・イオンや環状AMPは、比較的単純な物質であり、細胞の中で膨大な数が存在する。これらは、多くの情報の伝達役を担い、細胞内部を飛び回って、あちこちの分子のスイッチを押す。一方、低分子が多数つながった高分子となると、莫大な機能や情報を溜め込むことができる。このため、酵素や転写因子などのタンパク質は、複雑な活動をする精密装置となっている。

以上のとおり、1つの細胞の内部では、すでに接触・電磁気力・化学分子という3つの領域の信号が飛び回り、ネットワークを構成している。そのネットワークにおいては、数千以上もの化学反応が、ドミノ倒しを進行しながらぐるぐると循環していく。このプロセスの流れこそ、生命の内的秩序だと言ってよい。

3　離れた細胞同士が対話する——第2階層：細胞間の信号

1つ階層を上がって第2の階層は、「細胞と細胞の間」で伝えられる信号である。隣りあった細胞同士が対話することもあれば、少し離れた細胞に向けて対話することもある。その対話の手段である信号が何であるかを見てみよう。

まず「接触信号」としては、細胞は細胞膜で接触を感知することができる。カドヘリンなどの細胞接着分子によって細胞が接着する場合もあれば、細胞外に分泌したマットに接触している場合もある。接触する情報によって、細胞は自分の位置や並ぶべき方向、自分が製造しなければならない細胞骨格の種類など、様々なことを知る。

神経細胞でさえ、接触信号を利用する。従来は、神経細胞の信号伝達は電気と化学分子によるものと考えられてきた。しかし2021年、河西春郎は、神経細胞の先端が秒単位の速さで膨らんで、接合部に圧力を加えると発表した。すると接合部の先端で、神経伝達物質の放出が促進されるのだ。

単細胞生物のスピロストコムは、身体をぴくぴくと素早く収縮させることで、水流を仲間に伝える。そして集団で一斉に毒物を放って捕食者を攻撃する。このように細胞と細胞の世界では、接触信号は、幅広く多彩な形で用いられる。

次に、細胞間で用いられる「電磁信号」は、生体電位となって現れる。動物細胞では、ギャップ結合の小さな穴を通って、細胞間に電気が流れる。また、神経細胞同士の間では、一般的には化学分子を放出して信号とするものの、体内に広く分布する迷走神経では、化学分子ではなくて直接に電気信号によって細胞間で伝達しあうものと考えられている。

植物も短い距離については、原形質連絡を通して電気で信号を送る。オジギソウは葉に刺激を受けると、その細胞から葉を支える基部へと電気信号が伝達され、基部の水圧が下がって葉が垂れる。また、カポックの葉やアズキの根の表面にも電気が分布している。ミトリササゲは、静止電位の分布する方向に向かって伸びていく。このように植物も、あちこちで生体電位が計測されているものの、その詳細な機能についての解明は、まだこれからの課題だ。

細胞間で伝達される電磁信号が、個体の形態形成においてトップダウン的な機能を果たしている可能性もある。私たちが外傷をすると、傷口でプラスの電気が発生する。ところがサンショウウオのように再生能力のある動物では、切断された肢の断面でマイナスの電気が発生する。カエルには切断された肢を再生する能力はないものの、切り口にマイナスの電流を流し続けたところ、1年後には、指先まで再生したのである。

さらに、細胞同士で送りあう「化学信号」となると、詳細に調べられ、特定されている。ホルモンは、内分泌器官から放出され、血液に乗って離れた場所にある細胞に作用する化学分子だ。また神経細胞が接合部で次の神経細胞に向けて放出する分子は、「神経伝達物質」と呼ばれる。主に免疫細胞が仲間に対して放出する分子は「サイトカイン」、発生中の細胞が放出して濃度勾配をつくる分子は「モルフォゲン」である。

名称は様々だが、いずれにしても細胞から細胞へと信号を送るための化学分子である。これらは、組織が組織として成り立つ上で極めて重要なものだ。細胞たちは反復形成して組織となる。そして組織は、組織同士で信号を送りあい、助けを求めたり、大きさを決めたり、自死したり、成長したりしているのだ。

4　器官同士が相互作用する――第3階層：器官間の信号

階層をさらに1つ上がって、信号の第3の階層は、「器官と器官の間」でやりとりされる信号である。植物の葉・花・根、私たちの心臓・肝臓・腎臓といった器官は、器官ごとに機能が統合されていて、まるで1つの生物であるかのような働きをする。たとえば木の葉は前の章で見たとおりだが、私たちの身体でも、心臓は神経系から切り離されて脳の指令を受けていなくても独自に拍動する。器官は1つのまとまった細胞社会なのだ。遠く離れた器官の間で信号が伝達されるので、器官は相互作用する。

まず、器官間の「接触信号」としては、筋肉の運動をはじめとして、肺や膀胱の拡張・収縮、腸の蠕動など運動によって生じる機械的な刺激が作用する。私たちの意識にのぼる皮膚感覚や内臓感覚の大部分は、接触信号に依存している。読者も、自分の身体内部に意識を照射してみれば、たとえばこの本に触れている手の感触によって、そのことが分かるだろう。

2021年、アーデム・パタプティアンは、接触や圧力を感知する受容体タンパク質ピエゾ1、ピエゾ2を発見したことにより、ノーベル生理学・医学賞を受賞した。この受容体によって、私たちは皮膚で接触を感知するだけでなく、傾きを感じたり、肺を膨らませたときその圧力を感じて止めたり、血圧を感知してコントロールしたりしている。同時に受賞したデービッド・ジュリアスは、熱さを感知する受容体を発見した。

次に、器官間の「電磁信号」については、全身に張りめぐらされた神経系の間でやりとりされる。ヒトの神経細胞は、長いものでは約1mもの距離で電気信号を送る。膝頭をこつんと叩くと足先がぴくりと上がる。この膝蓋腱反射は、膝頭に加えられた接触信号が電磁信号に変換されて、電光石火の速さで脊髄まで伝わったものだ。そこから運動神経にバトンタッチされて、再び電光石火で電磁信号が足の筋肉まで伝わる。この経路には、脳は介在していない。

さらに、器官間の「化学信号」としては、細胞間の信号と同じように多様な分子があり、その重要な部分をホルモンが担っている。本書で見てきたとおり、色とりどりの花がゆっくりと開いていくのも、イモムシがきらめく翅をもつチョウに変身するのも、オタマジャクシに手足が生えて陸上のカエルになっていくのも、ホルモンの作用による。のっぺりとした児童の身体つきがふっくらとした女性やがっしりとした男性の身体へと変身していくのも、ホルモンの働きによるものだ。

たとえばホルモンの一種メラトニンは、脳の松果体でつくられて血液中に放出され、全身のすみずみにまで夜になったことを告げる。その量はごく微量で十分であり、その濃度は25mプールに爪楊枝の先に付いた塩を入れた程度なのだ。細胞が化学分子の濃度を感知する敏感さと、その情報が全身のすみずみにまで行き渡る迅速さには驚かされる。私たちの身体もまた1つのプール、あるいは水瓶なのだと言えるだろう。

内分泌系の細胞だけでなく、神経細胞も感覚細胞も消化管の細胞も、ホルモンと似た化学分子を放出して対話しあう。さらに、近年になって発見されたのは、これら以外のあらゆる器官の細胞も、「エクソソーム」（細胞外小胞）という信号物質を大量に放出していることだった。エクソソームは、直径100nm前後の微小な顆粒であり、膜に包まれてカプセルになっている。その中には、RNAやタンパク質が詰まっている。特に、非コードRNAが遺伝子の読み取りを制御することには注目しておかなければならないだろう。臓器、筋肉、骨など様々な器官がエクソソームを放出し、対話をしてお互いに影響しあっているのである。

5　擬態もまた視覚信号 ―― 第4階層：個体間の信号

もう1つ階層を上がると、信号の第4の階層は、「個体と個体の間」でやりとりされる信号だ。第3階層までは身体の内部の信号伝達だったが、ここからは身体の外部に発出する信号となる。外界に飛び交う信号のうちどれを受け止めて、どの信号を発信するかは生物の種によって様々だ。このため個体間の信号は豊かで多彩なものとなる。

まず、「接触信号」としては、個体同士が接触しあう場合もあれば、音声を発する場合もある。魚は、身体の横を走っている側線器官で、仲間や獲物のつくる水の振動を敏感に感知する。サル同士は身体に付着しているシラミを取って毛づくろいすることによって、親愛の情を高めあう。イシノミには交尾器がなくて、体外受精をする。オスがくるくると回転して、口ひげでメスを撫でてその気にさせる。次に腹から糸を出して地面まで張り、糸の途中に精包を乗せる。その上でメスを誘導して、腹の先端を精包にかぶせる。

一方コオロギやマツムシは、翅のヤスリ状の部分を擦ることによって鳴く。ガやバッタは、超音波でコミュニケーションする。セミはがらんどうになった腹部の中で筋肉を震わせて鳴く。17年ゼミは、オスが鳴くと、メスは翅をばたつかせて応える。

次に、個体間の「電磁信号」としては、光による視覚情報が主なものだ。クジャクの羽根や熱帯魚の模様は、目にも鮮やかな色彩として発信される。黄色の花が主に信号を送っている相手は主にハチ・ハエ・甲虫であり、夜の白い花はガであり、赤い花は小鳥やアゲハチョウである。信号は、可視光線ばかりではない。花は、昆虫を誘うために、私たちの目には見えない紫外線を反射する。グッピーのオスも、メスを誘うため体表で紫外線を反射している。

色彩ばかりでなく、動物では身振りや身体の姿勢もまた重要な視覚信号だ。トカゲのある種では、喧嘩のとき、相手が逃げるまで腕立て伏せをする。オオカミが首筋を差し出したら、それは降参の意思表示だ。哺乳類では一般に、身振り、身体の姿勢、目を合わせること、触れることが重要である。チンパンジーは、「やめなさい」「離れろ」「ください」など、88の身振りを使ってコミュニケーションする。

視覚に訴える擬態は、私たちを驚嘆させる。オオコノハムシは木の葉にそっくりに擬態して、葉脈もあれば虫食いの跡のような模様まである。ハナカマキリは白いランの花そっくりに擬態するだけでなく、花と同じように紫外線を反射し、ときにはハチのフェロモンの芳香まで発散している。そして花だと思って近づいてきたハチなどの昆虫を、目にもとらぬ速さでさっと狩って食べてしまう。

文学者でチョウの専門家でもあったウラジーミル・ナボコフは、次のように記した。

擬態現象には、人間が作りあげたものに匹敵できる芸術的完成度を示したものがあった。（略）ダーウィン的な意味での「自然淘汰」では、擬態の外観と行動の神秘な一致は説明できなかった。また保護擬態の仕くみが食肉動物の眼力をはるかに上廻って微妙、過剰、贅沢の域にまで達していると、「生存競争」の理論だけでは十分ではなかった。私が自然のなかに発見したものは、私が芸術のなかで追及する非功利主義的遊びだった。ともにそれは魔術の一形態だった。ともにそれは複雑な魅惑と欺瞞の遊びだった。

（ウラジーミル・ナボコフ『ナボコフ自伝』大津栄一郎訳、晶文社）

ハナカマキリやランのオフリスは、形態が発する視覚情報のほかに匂いを発するわけだが、匂いは第3の領域である「化学信号」である。生物の個体間を飛び交う信号の中で、化学信号は特に複雑なネットワークを構成する。

種によって異なった匂い、香りをつくるので、大気中にも水中にも無数の化学分子が漂っている。昆虫は、花の発する匂いの濃度勾配を感知して、空中にできた香りの道を辿ってやってくる。サケは、生まれ故郷の川の上流から発する土壌・動物・植物の混ざった匂いを頼りにしながら、アリアドネの糸に導かれるようにして川を遡る。

こうした匂いや味を感知するために私たちには鼻や舌があるが、爬虫類・哺乳類の多くは、これに加えて異性の発するフェロモンの匂いを感知するための専門器官（鋤鼻器）がある。ヘビはちらちら

ハナカマキリ（Wikimedia commons）

と舌を出して空中の分子を捕獲し、口腔の天井側にある鋤鼻器に擦り付けて匂いを嗅ぐ。ヘビの舌は二股に分かれているので、左右の匂いの違いさえも分かるようになっている。

イヌがもつ嗅覚細胞は、ヒトの40倍以上にも及び、イヌは匂いに極めて敏感だ。イヌだけでなくネズミもネコも嗅覚で外界の内的地図を描く。嗅覚の受容体タンパク質の種類は、ヒトが388個であるのに対して、イヌは822個、ハツカネズミは1063個など、多くの哺乳類では1000個程度もっている。これら受容体で受け止めた信号が、バーコードのような情報となって脳に伝わるようになっている。

獣たちは、匂い付けによって自分の縄張りを示し、また匂いによって敵か味方かを示したり、異性を誘ったりしている。経験豊富な林業者の方から聞いた話では、クマが人里に出没するようになったのは、森林と人間集落との境界でヒトの匂いがしなくなってしまったからなのだという。

6　動物にも言語がある ── 第5階層：象徴的な信号

信号の階層として、第1に細胞内の信号、第2に細胞間の信号、第3に器官間の信号、第4に個体間の信号という4つの階層を見てきた。しかしこの上に、第5の階層が存在していると言ってもよいだろう。それは「象徴的な信号」だ。それは個体間の信号を加工して、抽象的な意味を付与したものである。

最も典型的なのは、ヒトの言語である。言語は、音声信号を加工して、象徴的な意味を与えたものだ。たとえば、「雨」という言葉を聞くと、私たちは空から降ってくる水の粒を想起する。しかしそれは現実の水の粒ではなくて、あくまでも観念の作用でつくられた名称にすぎない。さらに複雑化した文字・絵画などは、電磁信号（視覚情報）を加工したものと言える。

しかし象徴的な信号を使っているのは、なにもヒトに限ったものではない。

有名なのは、ミツバチの言語だ。20世紀前半、カール・フォン・フリッシュは、ミツバチの8の字ダンスが花群落のある方向と距離を示していることを発見した。ダンスをする際の体軸の傾きが方向を示し、ダンスで震える時間が距離を示す。ダンスの激しさによって餌場の品質まで表すことができる。ミツバチの脳の中では、花群落までの外界の記憶が内的地図として形成される。それを暗い巣の中で再現し、象徴的な信号として仲間に伝達することができるのだ。こうした「象徴化」の能力は、個体間の信号を一段高いレベルに置くものであり、信号の第5の階層を形成すると言える。

20世紀半ばにコンラート・ローレンツは、カラスの鳴き声は音声によって、「遠くへ行こう」とか「巣に帰ろう」といったいくつもの意味に区別されることを突き止めた。その後、ハチドリの一種は、5種類の声で18種類の音声をつくり、様々に組み合わせることが分かった。「あっちへ行け」「来られるものなら来てみろ」をはじめ、「お前のすみかは知っているぞ」といった意味まで表現することができる。さらに、最近になって鈴木俊貴は、小鳥のシジュウカラが「警戒しながら、集まれ」といった二語文を形成することを発見した。鳥の鳴き声にも文法があるというのだ。

哺乳類では、言語はかなり発達しているものと考えられる。ゾウやクジラは、ヒトの耳に聞こえない低周波を用いて、何キロも遠く離れた個体同士が交信する。ザトウクジラは、音声で文章や歌をつくり、最大で20時間も歌う。オスは、1年のうち6か月も歌っているが、その間に歌はだんだんと複雑なものになる。また、コウモリやイルカは超音波を使って外界を認識するだけでなく、会話にも用いている。チンパンジーや鳥類のヨウムは、訓練を受ければヒトの言葉の意味をある程度は理解するようになる。

以上は音声による信号なので、広い意味での「接触信号」である。これに対して文字は、視覚情報つまり「電磁信号」によるものだ。こうした視覚情報による象徴化の能力が、動物にもあることが、少しずつ解明されてきている。

それは特に、異性に対するアピールにおいて示される。フグの一種（アマミホシゾラフグ）は、海底の砂に直径2ｍもある曼荼羅のような幾何学模様を描き上げて、メスにアピールする。ヒレで海底の砂を掘って模様を描くだけでなく、貝殻をもってきて装飾する。前に見たニワシドリは、植物など様々な材料を運んできて、目立つ色をした鮮やかな東屋をつくる。これらは象徴化と言っても初歩的なものかもしれないが、単なる素材の機能を超えて、装飾を施して抽象的な意味をアピールしているものだ。

私たちヒトでは、言葉を視覚化した文字が文章となり、線で描いた表象が色彩豊かな絵画となり、

生物界における信号の階層（枠内の事項は、事例）

信号の階層	接触信号	電磁信号	化学信号
1 細胞内信号	分子の構造による接着	分子の電荷による接着 膜電位の変化	低分子 高分子
2 細胞間信号	細胞膜の接触 細胞接着分子 細胞外マトリックス	生体電位 （細胞間の電気伝達）	ホルモン 神経伝達物質 サイトカイン モルフォゲン
3 器官間信号	接触・血圧・運動	神経系の電気信号伝達	ホルモン エクソソーム
4 個体間信号	直接的な接触 音声	色彩・身振り 擬態	香り・フェロモン 匂い付け
5 象徴的信号	言語・音楽 ハチのダンス	文字・絵画 フグの曼荼羅	香水・線香

それらが急速に累積的な発達を遂げて、科学・芸術・文化を生み出していった。音楽もまた音声という接触信号がつくる「象徴的な信号」だ。電磁信号はテレビ、パソコン、携帯電話などの映像・音声として、人間社会を飛び交っている。

それでは、「化学分子」による象徴的信号というものは、存在するのだろうか。ヒトは多くの哺乳類に比べて嗅覚が弱いので、音声や視覚情報ほどには化学分子による信号を高度に象徴化させていない。しかしそれでも異性を引きつける芳香を放つ香水とか、緊張した頭をリラックスさせてくれるアロマテラピー、あるいは墓や仏壇に供える線香など、折に触れて象徴的、すなわち文化的な香りを活用していると言えるだろう。

象徴的信号は、時間的順序に従って多数の意味を組み合わせると、抽象化されたイメージの世界をつくる。その単位となるのは、言葉や文字、そして文法だ。それを支えているのはヒトの想像力であり、重層化した脳なのである。

生物界における信号の階層を見てきた。タンパク質同士が接着する細胞内の信号のレベルから、ヒトの言語・絵画・音楽といった象徴的な信号のレベルまで、一口に信号と言っても5つの階層に属しており、それぞれ接触信号・電磁信号・化学信号という3つの領域に分類することができる。

1つの個体とは巨大な内的秩序であり、その中には分子と分子の相互作用、細胞と細胞の対話をはじめとして、回転ダンスをする莫大な数の内的秩序が、ぎっしりと入れ子構造になって包み込まれているのである。

7　生物は1回きりの歴史を背負っている

生命はどこへ向かい、何を目的としているか、と問うことには意味がない。生命は到達点である。生命は生命を目指す。ただ存在することへの欲求があるだけだ。それが反復形成し樹状分岐しながら、異形形成して新たな階層を生み出し、階層を登っていったのだ。

脳・神経系を備えた動物では、存在することへの欲求が「快－不快」へと発展した。恒常性が満たされることや恒常性の欠落を埋めることが「快」となり、恒常性がバランスを欠くと「不快」となった。そして生きることの充足感は歓喜や至福の感情へ、損傷されることへの拒否感は苦痛や恐怖へと発展していった。

私たちは慣用句的に「ストレスは精神的にも肉体的にもよくない」などと言って、心と体の分離を認識している。それはイメージとしては、「脳」と「それ以外の身体」というものだ。しかしイメージが常に正しいとは限らない。脊椎動物などで意識が発生し始めたばかりの頃の動物には、「精神と肉体の分離」といったイメージはまだないに違いない。自分自身を客観的に見つめる視点をまだ備えていないからだ。魚もイヌも鏡に映った自分の像を見ると、それが敵だと思って突進したり吠えたりする。

動物の中で芽生えた「意識」は、こうして徐々に発達した。意識とは、前述したとおり、私たちが目覚めているときにもつ何かに集中した心的状態のことだ。しかし本書で見てきたように、その最も基底部にある細胞ですら、すでに「主体的な認識」といったレベルのものはもっていた。高度な脳を備えた動物がもつ「主観的な視点」ほどのものではないとしても、細胞にも主体性があると言える。「外界の中で自己を見出す」ことまではできないとしても、「外界の中で自己である」ことはできるはずだ。

ヒトの意識を定義して、そこから他の動物へと裾野を広げていくアプローチは、一歩また一歩と、次第に意識の定義を拡大してきた。２０１２年に神経生理学者など各界の専門家が集まって発出した「意識に関するケンブリッジ宣言」は、ヒト以外の哺乳類・鳥類・タコなどに「意識に関する神経基盤がある」とした。その後トッド・Ｅ・ファインバーグとジョン・Ｍ・マラット、あるいはシモーナ・ギンズバーグとエヴァ・ヤブロンカは、ヤツメウナギ以降のすべての脊椎動物、昆虫や古生代の三葉虫などの節足動物、タコ・イカを含む頭足類にまで意識の範囲を拡張すべきだと主張してきた。

しかし本書で見てきたとおり、「意識」というものが誕生する以前、たとえばクラゲやヒドラにも、そのもととなった神経基盤がある。さらには、その神経基盤が登場する以前、たとえば植物やカイメンには、そのもととなった細胞間の信号伝達がある。むしろ原初の生命から「主体的な認識」をもっていて、それがボトムアップ式に階層を登っていったと考えるべきではないだろうか。

意識は、海に浮かぶ島のようなものだとイメージできる。ぽつりぽつりと海面上に浮かんでいるように見えるものの、海面の下には、島と連続する地形がずっと深くまで傾斜しながらつながっている。しかも意識は、突然生じた白の領域とそれ以前の黒の領域に明瞭に区別できるものでもないだろう。その場所で階層を1つ上がるのだとしても、実際には樹状分岐しながら島が浮上していく連続的なプロセスがあったはずだ。

生物は、外界からの入力を取り込み、それを内部で「解釈」し、そして外界へと出力する。その限りでは、精密機械に似ているとも言える。しかし真ん中の「解釈」の部分が機械とは異なっていて、「複雑系」なのだ。生物では、入力が全く同じであっても、それぞれの出力が異なってくる。

大腸菌のような微細な原核生物さえも、そうした現象が生じる。同一の条件の下に置かれても、大腸菌の個体によって振る舞いが異なるのだ。同一の刺激を与えられたときでも、個体により合成するタンパク質が異なったり、その時期や量が異なったりする。

なぜそうなるのかというと、それは主に、過去の培養条件に影響されるからだ。生物は個体ごとに歴史をもっている。その歴史の集積こそが、生命の内的秩序なのだ。

それではその歴史というのは、どこから始まるのだろうか。それは個体が誕生したときから、というものではない。それが動物なら、胎児のときもずっと1個の完璧な生命体であった。それならば受精卵のときからかというと、そうでもない。受精卵になる以前の精子や卵のときにもまた、1倍体としての完全な生命だったのだ。結局歴史は親の世代にまで遡る。するとさらに、その親の世代に遡らなければならない。こうしてずっと1個体の歴史を辿っていくと、樹状分岐をどこまでも遡って行かなければならない。そして究極のところは、果てしなく遡って、40億年前の共通祖先にまで辿り着いてしまうことになる。

ギンズバーグとヤブロンカは、生物の学習と記憶には、細胞核、細胞質、細胞間、生体電磁場、脳の専用領域といった複数の記憶段階が存在するだろうと言う。生物は、身体のあらゆる階層で「学習と記憶」を蓄積し続け、子孫へと継承し続けているということになるだろう。言い方を変えれば、遺伝子からしか遺伝子が生じず、細胞膜からしか細胞膜が生じないのと同じように、「主体的な認識」からしか「主体的な認識」は生じないものと考えられる。

1つの個体は、40億年の生命の歴史を背負っている。その間に内的秩序がどれほど複雑に精緻化されたかという歴史を背負っており、それは個々に異なった歴史である。しかも1つの個体は、1つの個体だけで歴史を蓄積してきたのではない。生物は外界と絶えず相互作用するネットワークのただ中にある。個体はその網の目が壮大に広がる大海に浮かぶ結節点であるにすぎない。無数の生物たちとのネットワークの中にあり、また生命のない岩石・鉱物や気象とも相互作用している。そうした巨大なネットワークぐるみで歴史を蓄積している。その結節点のところで、個体はたとえそれが微小な細菌やツリガネムシであってさえも、生命の悠久の歴史を背負っているのである。

生物の内的秩序とは、そのようなものだ。絶えざる流れのどの瞬間においても、40億年という時間の彼方から継続してきた内的秩序がまず存在する。循環し続ける内的秩序こそが、生命なのだ。その内的秩序に対して、外界信号が降りかかってくる。外界信号は内的秩序に取り込まれれば、そこで「解釈」される。その解釈には、内的秩序が背負っている個々の歴史に応じて幅がある。つまり選択の自由度がある。このためにそこから出力されてくる結果には、幅や柔軟性が生じてくる。

すべての生物、すべての細胞が、主体的な認識を伴う内的秩序をもっている。ハイデガーが言った「世界内存在」と言ってもよいだろう。外界から飛び込んでくる信号に対して、種により個体によって多様な解釈がありうる。それは40億年に及ぶ生物の進化によって、内的秩序そのものが樹状分岐していったからだ。

生物にとって「内」が何よりも前にまず先行的に存在していて、そこにおいて「外」が現象してくる。それは私たちヒトにおいても変わるところはない。世界から信号が自然に飛び込んできて、私たちはそれを受動的に解釈しているのではない。認識を生じる機構は内に存在する。私たちが信号を能動的に選択し、つかみ取ることによって、世界を照らし出し、構築しているのだ。

森の中で木漏れ日を浴びて、葉をざわざわと揺らす風に吹かれていること。ただそれだけで、木々も自分も40億年という長い生命の歴史を背負っている。目を開き青い空と緑の木々を見ること。透き通った光の中に世界が見える。透明なシャボン玉のような自分の周りの世界が見える。

これは、この一瞬の世界を自分が共有しているということ、すべての細胞が代謝活動しながら調和していて、自分の感覚を生じているということだ。そして、自分が呼吸する空気も、自分が飲む水も、自分が食べる食物も、すべて生物たちのネットワークがつくり、自分のもとへ運んできてくれたものだ。

この瞬間に世界の中にいるという当たり前の不思議さ。風に吹かれる感触を感じる皮膚。賑やかに鳴くセミの声を聴く耳。そして透明な光溢れる外界の景色を眼に映じていることの不思議さ。私の前を飛んでいる蚊も、鳴いているセミも、同じようにこの清澄なシャボン玉のような意識に包まれている。

これが、生命として存在することの神秘なのだ。

おわりに —— 死もまた大きな生命の流れ

本書では様々な生物が発生する様子について、「細胞が信号を送りあって対話する」という観点に立ちながら見てきた。そこには反復形成と異形形成という力が働いており、しかもその関係性は生物が複雑化するにしたがって階層を上がる。そしてそうした関係性に用いられる各種の信号もまた、階層をなしている。

生物は複雑系である。しかし複雑なものについて複雑な特性を列挙してみるだけでは、何も分からない。それではというので複雑なものをばらばらに分解してみても、今度はそれぞれの部品の関係性が失われてしまう。むしろ現存する最も単純なものを見て、それがどのようにして複雑さの階層を登っていったのかという進化の過程を理解することが重要だ。

私の師であった発生生物学者、故・団まりなは、このような考え方に立って「階層生物学」という方法論を提唱した。階層生物学の最大のポイントは、生物界の様々な現象について、その現象ごとにロシアのマトリョーシカ人形のような「入れ子構造」を発見していくことにある。

たとえば捕食（栄養摂取）についてだけ見ても、原核細胞は、有機物を細胞膜の外で分解し吸収することしか行わない（膜輸送）。これが真核生物になると、有機物を細胞内部に取り込んで分解する（細胞内消化）。さらに多細胞動物では、多数の細胞集団が消化管を形成して、その中にできた空所に消化酵素を放出し細胞集団で分解する（細胞外消化）。複雑な動物では、血液に乗せて栄養分を各所に届ける（循環系）。

このように捕食だけをとってみても階層をなしており、これと同様に排出・生殖・感覚といった側面でも別の階層ができている。それぞれの側面は入れ子構造をつくりながら、大が小を包括し、次の階層を構成していく。そしてこれらの階層がモザイクのように異なった組み合わせをつくるため、生物種は多様になる。

別々の階層同士にあるものを断片的な知見として比較分析しても、複雑さが増すばかりで混迷の度を増してしまう。たとえばゾウリムシがもつ収縮胞と私たちのもつ腎臓は、水の排出という同じ機能をもっている。しかしゾウリムシの収縮胞はたった1つの細胞の中の限られた一部分にすぎない。これに対して、腎臓は百億個以上もの細胞が集積して、役割分担しながらつくった器官だ。

階層を見極めて、同じ階層同士にあるものは何であるかを特定し、比較検討することだ。そうすることによって、複雑さの形成過程が次第に明らかになってくる。階層生物学とは、入れ子構造の探求である。そしてやがては多数の断片がジグソー・パズルのように収まるべきところに収まって、すべての階層を通じる全体としての大きな絵、つまり自然の体系が見えてくるのである。

本書では、こうした観点に立って生物が自己組織化し、発生していく姿を見つめてきたが、本書の最後に言っておきたいのは、生物にとって「死」もまた生と同じほどに重要なプロセスなのだということだ。

自然界では、まるで無駄であるかのように多数のものが生まれてきて、そのほんの一部だけが生き残り、他は死んでいくという現象があちこちに見られる。何億匹にも及ぶ精子たち。空気中を舞う無数の花粉。指が形成されるときに、指と指の間で自死していく細胞たち。あるいは多数つくられて適合するもの以外は死んでいく免疫細胞や神経細胞。98%が他の動物に食べられてしまう幼い魚たち。

それぞれが滝を落ちる水滴のように分岐して広がり、その先でまた花火のように広がる。広がった先で次の世代につながるのは、ほんの一部だ。私たちの身体をつくる莫大な数の体細胞も、すべてが子孫を残すことなく死んでいく。子孫につながるのは、ごくわずかな生殖細胞だけだ。その先でまた爆発的に分岐して、新しい花火が起こる。

それでは次世代につながらなかったものは、意味がなかったということなのだろうか。幼いうちに他の動物に食べられてしまった多数の魚たち。あるいは絶滅した恐竜やアンモナイト、三葉虫。子孫を残すことのなかった多くの生物たち。

どれも意味がなかったなどということはない。生命として活動した時間が長かろうと短かろうと、その生命は、まわりの生命や環境を巻き込んで相互作用する。それによって、地球物質の循環に貢献する。そして、たとえ小さくとも世界に対して必ず何らかの足跡を残す。その足跡がまた、生物界の巨大な網の目に対し相互作用を引き起こして、次の瞬間の世界をつくる。

そして死んでしまった生命は、消滅するのではない。有機物に変わるのだ。飛んでいる蚊とあなたに潰されて死んだ蚊とでは、その秩序は異なっているものの、蚊を構成している物質には、何も変わりがない。死というのは、生を機能させる有機分子の循環が停止することにほかならない。そして、こうした有機物が存在するというのは、宇宙の中でも極めて限られた特別な舞台だけなのだ。その有機物が、再び巨大な網の目の中に吸収されていき、滝の中の水粒のように広がっていく。そして循環して、新しい生命の材料となる。

つまり、生命は生きて活動することによって、どんなに小さくても網の目の全体に何らかの作用を及ぼす。そして次に、死んで有機物を残すことによって、次期の網の目の材料となる。生きて樹状に分岐すること、運・不運によって選別されて死ぬことの双方ともに意義がある。

太古の昔まで遡ってみると、土壌の形成に生物の活動と死がかかわっていた。生物上陸よりも前は、陸地は岩石とそれが風化した砂で覆われていて、荒涼とした風景が広がっているだけの大地だった。やがて5億年以上前にオゾン層ができたことによって、生物の陸上進出が可能となった。海岸の岩場には、小さな藻類と菌類の複合体ができて、互いに栄養を補いあいながら、生息域を拡大していった。これらの生物が死んで残骸となり微細な鉱物と入り混じったのが、土の起源だ。

生物たちは、当初は植物・菌類の共同体によって陸上に進出し、続いて節足動物、遅れて両生類が上陸した。生物の死骸・分泌物・排泄物などによって、土壌は少しずつ形成され、やがて陸地の大部分に広がっていった。そして生物たちは、土から生まれ土に還り、永劫に循環していく。

土壌の元素を分析すると、炭素・窒素を多く含んでいる。ケイ素が多くて炭素・窒素をあまり含まない鉱物とは、構成が異なる。土壌の成分はむしろ植物に近く、さらには塩素、硫黄などの含有比率は、海の成分にも近い。土壌は、長い年月をかけて生物たちが陸地に持ち上げた海なのだ。

一方、私たちの腸内細菌に目を向けてみると、その起源にも、土壌と同じような関係性が見出される。腸内細菌は１００兆個以上に及び、病原菌を退治したり消化吸収を助けたりするばかりでなく、神経細胞や免疫細胞に作用したり、私たちの気分や肥満状態にまで関係があることが分かってきた。ミミズの腸管内には多数の細菌がいて、ミミズが飲み込む泥の中から有機物を消化するのに役立っている。カイメンの内部にも多数の細菌が生息していて、最も多いのは腸内細菌科のものだとされる。私たちの腸内細菌の先駆けと言ってもよいだろう。

おそらく腸という消化管ができた初めの頃から、つまり動物という多細胞の生物が成立した6億年ほど前から、腸内細菌はずっと共生していて、連綿と継続し、現在に至っているのだろう。細菌の立場で言えば、動物の消化管は栄養物の宝庫だ。それを利用しない手はない。

しかしそればかりではない。動物は食物を食べて、排泄する。最後には、死骸になる。すると細菌たちも陸上に出て、土壌に入り込む。細菌は、水がなければ生きていけない。このため、動物が海から上陸すると、細菌たちも動物の腸に棲みついて一緒に上陸した。私たちの身体そのものもまた、陸の上に持ち込まれた海だったのだ。

土に生まれ、土に還る。海に生まれ、海に還る。生物たちは何億年・何十億年にわたってそうした循環を持ち続け、地上の海・空・森をつくってきた。

生命の大河の流れが樹状分岐するさまを、高空に舞い上がって4次元の視点から見てきたが、今、私たちは再び、自分自身の身体という狭い地点に戻らなければならない。それは、滔々と流れ続ける透明な生命の流れの今の瞬間である。

私もあなたも、この瞬間の中にいる。私たちは40億年の歴史を背負いながら、今の一瞬の流れの先端にいる。私たちのすべてはつながっていて、私たちも細菌も、それぞれが生物界の巨大な網の目における結節点となっている。

私たちは、この光溢れる世界に対して目を開き、世界を規定する。そして私たちの身体の中を流れ続ける物質は、私たちと相互作用しながら、再び私たちの身体から出て行って、他の生物たちと相互作用する。こうした循環し続ける相互作用もまた、生命の大きな流れの中にある。その壮大な網の目は、時間の流れとともに樹状分岐し、今も進化を続けているのである。

2000年7月、私の手紙に応えて、団まりな先生から最初に手紙をいただいたとき、「友、遠方より来たるの思いです」と書いてあった。

団先生の著書『生物の複雑さを読む』に感銘を受けて、私が「弟子にしてください」とお願いしたとき、先生は「弟子という言葉は古めかしくて好きじゃないから、共同研究者ということにしましょう」と言われ、私はその後、先生が設立された階層生物学研究ラボの研究員となった。

出会いのときから20年近くの時が流れ、私が訪れた暖かい早春の城山の斜面には、濃い桃色の桜や梅が咲き誇っていた。広々とした海に抱かれた街を城の丘から遠望した。里山の石段を登った家の窓からは、春めいてきた緑と褐色の山々や、水を張った土色の水田、手づくりの小さな白い家が見えた。うらうらとした陽射しを浴びながら、小川に沿ってくねくねと曲がる小道を歩いて行って、辿り着いた車道を横切った先は、海岸だった。そこから広がっているのは、遠くに薄青く霞む半島を望み、鈍い真珠色にきらめく果てしない海だった。先生は、この海に還って行かれたのだと、私は思った。

桜もまだ咲かない3月の寒い夜、団先生は太平洋に面した館山の街で、暴風雨の中、車を走らせていたとき海に転落し、そのまま還らぬ人となってしまった。73歳だった。

しかし生物たちが生きて地球環境に影響を与えていくように、団先生が残された階層生物学は今も生きている。それは、世界を見る際の基本的な枠組みとなりうるものだと私は思う。私たちはこの世の森羅万象のすべてを知り尽くしたいという望みを抱くものの、そんなことができるはずもない。しかし、階層生物学はそんな私たちの望みに対して、骨格となる方法論を与えてくれるものだと思うのだ。

人は想像力を発達させて、目の前にある空間だけでなく、無限の彼方までも照射して見ることができる。時間についても、目の前の現象だけでなく、何十億年という悠久の彼方までも照射することができる。階層生物学もまた、そうした人間の認識能力が到達した1つの頂（いただき）なのだ。そして思考のためのこの枠組みが、本書を通じて多くの人々に共有されることとなってほしいと、私は願っている。

故・団まりな先生と、本書を執筆するに当たり支援や助言をいただいた団先生の伴侶・惣川徹氏、そして本書を世に出してくださった新曜社・塩浦暲社長に心から感謝を申し上げたい。

主要参考文献

はじめに
『生物から見た世界』ヤーコプ・フォン・ユクスキュル（1934）／日高敏隆・羽田節子訳, 岩波書店, 2005.
「A distinct abundant group of microbial rhodopsins discovered using functional metagenomics」Alina Pushkarev et al., *Nature*, Vol.558, Issue 7711, 06.28.2018.
『見える光, 見えない光：動物と光のかかわり』寺北明久・蟻川謙太郎編, 共立出版, 2009.
『痛覚のふしぎ：脳で感知する痛みのメカニズム』伊藤誠二, 講談社, 2017.

第1章
『生物の複雑さを読む：階層性の生物学』団まりな, 平凡社, 1996.
『生物のからだはどう複雑化したか』団まりな, 岩波書店, 1997.
『動物の環境と内的世界』ヤーコプ・フォン・ユクスキュル／前野佳彦訳, みすず書房, 2012.
『原生動物学入門』ハウスマン／扇元敬司訳, 弘学出版, 1989.
『ゾウリムシの遺伝学』樋渡宏一編, 東北大学出版会, 1999.
『ゾウリムシの性と遺伝』樋渡宏一, 東京大学出版会, 1982.
『単細胞動物の行動：その制御のしくみ』内藤豊, 東京大学出版会, 1990.
『アメーバのはなし：原生生物・人・感染症』永宗喜三郎・島野智之・矢吹彬憲, 朝倉書店, 2018.
『研究者が教える動物飼育　第1巻　ゾウリムシ, ヒドラ, 貝, エビなど』日本比較生理生化学会編, 共立出版, 2012.
『ゲノムが語る生命像：現代人のための最新・生命科学入門』本庶祐, 講談社, 2013.
『風の博物誌』ライアル・ワトソン／ 木幡和枝訳, 河出書房新社, 1985.
『新しい細胞・遺伝子像と生命』佐藤七郎・福田哲也, 新日本出版社, 1995.
『細胞［第3版］』佐藤七郎, 東京大学出版会, 1984.
『細胞生物学』佐藤七郎, 岩波書店, 1986.
『細胞進化論』佐藤七郎, 東京大学出版会, 1988.
『細胞はどのように動くか』太田次郎, 東京化学同人, 1989.
『化学進化・細胞進化』石川統・山岸明彦・河野重行・渡辺雄一郎・大島康郎,

岩波書店, 2004.
『細胞の中の分子生物学：最新・生命科学入門』森和俊, 講談社, 2016.
『40億年, いのちの旅』伊藤明夫, 岩波書店, 2018.
『太古からの9＋2構造：繊毛のふしぎ』神谷津, 岩波書店, 2012.
『生命の塵：宇宙の必然としての生命』クリスチャン・ド・デューブ／植田充美訳, 翔泳社, 1996.
『図説動物形態学』福田勝洋編著, 朝倉書店, 2006.
「Structural basis of mitochondrial receptor binding and constriction by DRP1」Raghav Kalia et al., *Nature*, Vol.558, Issue 7710, 06.21.2018.
「Cytosolic proteostasis through importing of misfolded proteins into mitochondria」Linhao Ruan et al., *Nature*, Vol.543, Issue 7645, 03.16.2017.
「The mitochondrial Na^+/Ca^{2+} exchanger is essential for Ca^{2+} homeostasis and viability」Timothy S. Luongo et al., *Nature*, Vol.545, Issue 7652, 04.26.2017.
「X-ray and cryo-EM structures of the mitochondrial calcium uniporter」Chao Fan et al., *Nature*, Vol.559, Issue 7715, 07.01.2018.
「Cryo-EM structures of fungal and metazoan mitochondrial calcium uniporters」Rozbeh Baradaran et al., *Nature*, Vol.559, Issue 7715, 06.26.2018.
「Mitochondrial protein translocation-associated degradation」Christoph U. Mårtensson, *Nature*, Vol.569, Issue 7758, 05.30.2019.
『脳と心のバイオフィジックス』松本修文担当編集, 共立出版, 1997.
『菌類の生物学：生活様式を理解する』D・H・ジェニングス & G・リゼック／広瀬大・大園享司訳, 京都大学学術出版会, 2011.
『菌類の系統進化』寺川博典, 東京大学出版会, 1978.
『われわれはなぜ死ぬのか：死の生命科学』柳澤桂子, 草思社, 1997.

第2章

『細胞の意思：「自発性の源」を見つめる』団まりな, 日本放送出版協会, 2008.
『図解・感覚器の進化：原始動物からヒトへ 水中から陸上へ』岩堀修明, 講談社, 2011.
『生物のスーパーセンサー』津田基之担当編集, 共立出版, 1997.
『心はなぜ進化するのか：心・脳・意識の起源』A・G・ケアンズ-スミス／北村美都穂訳, 青土社, 2000.
「Chemotaxis as a navigation strategy to boost range expansion」Jonas Cremer et al., *Nature*, Vol.575, Issue 7784, 11.06.2019.
「An evolutionarily stable strategy to colonize spatially extended habitats」

Weirong Liu et al., *Nature*, Vol.575, Issue 7784, 11.06.2019.
「粘菌細菌：この可憐で賢き狩人たち」不藤亮介,『生物工学会誌』第91巻, 532-535, 日本生物工学会, 2013.
「粘液細菌：フルーティングボディを形成する細菌」山中茂,『化学と生物』Vol.27, No.10, 656-662, 1989.
『進化：生命のたどる道』カール・ジンマー／長谷川真理子訳, 岩波書店, 2012.
『生命の暗号』村上和雄, サンマーク出版, 1997.
『進化をどう理解するか』根平邦人, 共立出版, 1974.

第3章

『性のお話をしましょう：死の危機に瀕して, それは始まった』団まりな, 哲学書房, 2005.
『新しい発生生物学：生命の神秘が集約された「発生」の驚異』木下圭・浅島誠, 講談社, 2003.
『基礎発生学概論 新版』市川衛, 裳華房, 1968.
『さまざまな神経系をもつ動物たち：神経系の比較生物学』日本比較生理生化学会編, 小泉修担当編集, 共立出版, 2009.
『言葉を使う動物たち』エヴァ・メイヤー／安部恵子訳, 柏書房, 2020.
『動物に心はあるだろうか？：初めての動物行動学』松島俊也, 朝日学生新聞社, 2012.
『鳥！　驚異の知能：道具をつくり, 心を読み, 確率を理解する』ジェニファー・アッカーマン／鍛原多恵子訳, 講談社, 2018.
「マツガエウズグモの雄は, 交尾直後に雌から飛びのく」NATURE ダイジェスト／ Nature Japan, 2022.8
『心を生んだ脳の38億年』藤田哲也, 岩波書店, 1997.
『花の性：その進化を探る』矢原徹一, 東京大学出版会, 1995.

第4章

『動物の系統と個体発生』団まりな, 東京大学出版会, 1987.
『普遍生物学：物理に宿る生命, 生命の紡ぐ物理』金子邦彦, 東京大学出版会, 2019.
『進化する形：進化発生学入門』倉谷滋, 講談社, 2019.
『発生生物学：生物はどのように形づくられるか』Lewis Wolpert／大内淑代・野地澄晴訳, 丸善出版, 2013.
『図解発生生物学』石原勝敏, 裳華房, 1998.

『新しい分子進化学入門』宮田隆編, 講談社, 2010.
「Cell surface and intracellular auxin signalling for H⁺ fluxes in root growth」Li Lanxin et al., *Nature*, Vol.599, Issue 7884, 11.27.2021.
「TMK-based cell-surface auxin signalling activates cell-wall acidification」Lin Wenwei et al., *Nature*, Vol.599, Issue 7884, 11.27.2021.

第５章

「あえて擬人的表現の勧め」団まりな,『現代思想』2008年7月, 青土社, 2008.
『遺伝子とゲノムの進化』斎藤成也・藤博幸・小林一三・川島武士・佐藤矩行・植田信太郎・五條堀孝, 岩波書店, 2006.
『遺伝子の構造と発現』J. D. Hawkins／田宮信雄・田宮徹訳, 東京化学同人, 1995.
『細胞とはなんだろう：「生命が宿る最小単位」のからくり』武村政春, 講談社, 2020.
『生命はデジタルでできている：情報から見た新しい生命像』田口義弘, 講談社, 2020.
『遺伝子の構造生物学』嶋本伸雄・郷通子, 共立出版, 1998.
『遺伝子神話の崩壊：「発生システム的見解」がすべてを変える！』デイヴィッド・S・ムーア／池田清彦・池田清美訳, 徳間書店, 2005.
『水：生命をはぐくむもの』ラザフォード・プラット／梅田敏郎・石弘之・西岡正訳, 紀伊国屋書店, 1997.
『水の惑星：地球と水の精霊たちへの讃歌』ライアル・ワトソン／内田美恵訳, 河出書房新社, 1988.
『生命にとって糖とは何か：生命のカギ・糖鎖の謎をさぐる』大西正健, 講談社, 1992.
『生命はRNAから始まった』柳川弘志, 岩波書店, 1994.
『生命：この宇宙なるもの　増補新装版』フランシス・クリック／中村桂子訳, 思索社, 1989.
『複雑系のカオス的シナリオ』金子邦彦・津田一郎, 朝倉書店, 1996.
『脳のなかの水分子：意識が創られるとき』中田力, 紀伊国屋書店, 2006.
『ホロン革命』アーサー・ケストラー／田中三彦・吉岡佳子訳, 工作舎, 1983.
『DNAの98%は謎：生命の鍵を握る「非コードDNA」とは何か』小林武彦, 講談社, 2017.
『細胞は会話する：生命現象の真の理解のために』丸野内棣, 青土社, 2018.

第6章
『植物の発生学：植物バイオの基礎』S. S. Bhojwani & S. P. Bhatnagar/足立泰二・丸橋亘訳, 講談社, 1995.
『植物の進化を探る』前川文夫, 岩波書店, 1969.
『植物はそこまで知っている：感覚に満ちた世界に生きる植物たち』ダニエル・チャモヴィッツ／矢野真千子訳, 河出書房新社, 2013.
『動く植物：植物生理学入門』ポール・サイモンズ／柴岡孝雄・西崎友一郎訳, 八坂書房, 1996.
『植物はなぜ自家受精をするのか』土松隆志, 慶應義塾大学出版会, 2017.
『これでナットク！　植物の謎 part2：ふしぎと驚きに満ちたその生き方』日本植物生理学会, 講談社, 2013.
『月下美人はなぜ夜咲くのか』井上健, 岩波書店, 1995.
『植物発生生理学』太田行人, 岩波書店, 1987.
『植物の世代交代制御因子の発見』榊原恵子, 慶應義塾大学出版会, 2016.
『植物は「知性」をもっている：20の感覚で思考する生命システム』ステファノ・マンクーゾ & アレッサンドラ・ヴィオラ／久保耕司訳, NHK 出版, 2015.
「植物生体情報システム」三輪敬之,『精密機械』50巻11号, 1984.
『植物の繁殖生態学』菊沢喜八郎, 蒼樹書房, 1995.
『生命の多様性』E・O・ウィルソン／大貫昌子・牧野俊一訳, 岩波書店, 1995.

第7章
『動物意識の誕生：生体システム理論と学習理論から解き明かす心の進化』シモーナ・ギンズバーグ & エヴァ・ヤブロンカ／鈴木大地訳, 勁草書房, 2021.
『形の生物学』本多久夫, 日本放送出版協会, 2010.
「Possible poriferan body fossils in early Neoproterozoic microbial reefs」Elizabeth C. Turner, *Nature*, Vol.596, pp.87-91, 07.28.2021.
「Pluripotency and the origin of animal multicellularity」Shunsuke Sogabe et al., *Nature*, Vol.570, Issue 7762, 06.27.2019.
「カイメンの幹細胞から見る多細胞化の始まり」船山典子,『生命誌』70, JT 生命誌研究館, 2011.
『生命潮流：来たるべきものの予感』ライアル・ワトソン／木幡和枝・村田恵子・中野恵津子訳, 工作舎, 1982.
「神経系の起源と進化・散在神経系よりの考察」小泉修,『比較生理生化学』Vol.33, No.3, 2016.
「最愛の実験動物ヒドラ」小泉修,『ミクロスコピア』10巻3号・4号, 1993, 11巻1

号～3号, 1994.
『ヒドラ：怪物？　植物？　動物！』山下桂司, 岩波書店, 2011.
『精子の話』毛利秀雄, 岩波書店, 2004.
『原色日本海岸動物図鑑』内海富士夫, 保育社, 1956.

第8章

『昆虫の発生生物学』岡田益吉, 東京大学出版会, 1988.
「Fossil insect eyes shed light on trilobite optics and the arthropod pigment screen」Johan Lindgren et al., *Nature*, Vol.573, Issue 7772, 09.05.2019.
『自己組織化する宇宙：自然・生命・社会の創発的パラダイム』エリッヒ・ヤンツ／芹沢高志・内田美穂訳, 工作舎, 1986.
『ダ・ヴィンチの二枚貝：進化論と人文科学のはざまで（下）』スティーブン・ジェイ・グールド／渡辺政隆訳, 早川書房, 2002.
『極限世界のいきものたち』横山雅司, 彩国社, 2010.
『フルハウス：生命の全容：四割打者の絶滅と進化の逆説』スティーブン・ジェイ・グールド／渡辺政隆訳, 早川書房, 1998.
『ネイチャー・ワークス：地球科学館』青木薫・山口陽子監訳, 同朋舎出版, 1994.
『発生と生命の進化：新しい遺伝学とヒトゲノム解析』田沼靖一ほか, ニュートンプレス, 2002.
『続 大いなる仮説：5.4億年前の進化のビッグバン』大野乾, 羊土社, 1996.
『昆虫はすごい』丸山宗利, 光文社, 2014.

第9章

『貝類学』佐々木武智, 東京大学出版会, 2010.
『無脊椎動物の発生 上』団琢磨ほか共編, 培風館, 1983.
『生物が子孫を残す技術：生物界の大胆な愛と性』吉野孝一, 講談社, 2007.
「巻貝の左右型形成に新発見」黒田玲子・古賀明嗣,『科学技術振興機構報』第101号, 2004.
『タコの心身問題：頭足類から考える意識の起源』ピーター・ゴドフリー＝スミス／夏目大訳, みすず書房, 2018.
『ガラガラヘビの体温計：生物の進化と「超能力」をめぐる旅』渡辺政隆, 河出書房新社, 1991.
『海辺で出遭うこわい生きもの』山本典暎, 幻冬舎, 2009.

第10章

『カエルの体づくり』山名清隆, 共立出版, 1993.
『スター生物学』C. Starr, C. A. Evers, & L. Starr／八杉貞雄訳, 東京化学同人, 2013.
『「退化」の進化学：ヒトにのこる進化の足跡』犬塚則久, 講談社, 2006.
『進化で読み解くふしぎな生き物：シンカのかたち』遊磨正秀・丑丸敦史監修, 北大CoSTEPサイエンスライターズ, 技術評論社, 2007.
『動物は夢をみるか？』ジョイス・ポープ／小原秀雄監訳, 東京書籍, 1988.
『皮膚の医学：肌荒れからアトピー性皮膚炎まで』田上八朗, 中央公論新社, 1999.
『アマガエルのヒミツ』秋山幸也／松橋利光写真, 山と渓谷社, 2004.
『鳥脳力：小さな頭に秘められた驚異の能力』渡辺茂, 化学同人, 2010.
『進化の意外な順序：感情, 意識, 創造性と文化の起源』アントニオ・ダマシオ／高橋洋訳, 白揚社, 2019.
「オタマジャクシの尾が消えるしくみ」『生命誌』78, JT生命誌研究館, 2013.
『動物は世界をどう見るか』鈴木光太郎, 新曜社, 1995.
「カエルの鼓膜とその周辺」井上敬子ほか, *Ear Research Japan*, 19, 83-85, 1988.
『地球の魚地図：多様な生活と適応戦略』岩井保, 恒星社厚生閣, 2012.
『かたちの進化の設計図』倉谷滋, 岩波書店, 1997.
『擬態：自然も嘘をつく』W・ヴィックラー／羽田節子訳, 平凡社, 1983.
「ウナギをめぐる状況と対策について」水産庁, 2019.11.
『魚たちの風土記：人は魚とどうかかわってきたか』植条則夫, 毎日新聞社, 1992.
『魚類学 上』松原喜代松・落合明・岩井保・田中克, 恒星社厚生閣, 1979.
『新たな魚類大系統：遺伝子で解き明かす魚類3万種の由来と現在』宮正樹, 慶応義塾大学出版会, 2016.
『エピジェネティクス入門：三毛猫の模様はどう決まるのか』佐々木裕之, 岩波書店, 2005.
『エピゲノムと生命：DNAだけでない「遺伝」のしくみ』太田邦史, 講談社, 2013.
「A male-expressed rice embryogenic trigger redirected for asexual propagation through seeds」Imtiyaz Khanday et al., *Nature*, Vol.565, Issue 7737, 01.03.2019.
「獲得形質は遺伝する？：親世代で受けた環境ストレスが子孫の生存力を高める」（Environmental stresses induce transgenerationally inheritable survival advantages via germline-to-soma communication in Caenorhabditis elegans）岸本沙耶・宇野雅晴・西田栄介ほか, *Nature Communications*, 01.09.2017.
「Spatiotemporal regulation of liquid-like condensates in epigenetic inheritance」

Gang Wan et al., *Nature*, Vol.557, Issue 7707, 05.31.2018.
「Pairwise and higher-order genetic interactions during the evolution of a tRNA」Júlia Domingo et al., *Nature*, Vol.558, Issue 7708, 06.07.2018.
『眼の誕生：カンブリア紀大進化の謎を解く』アンドリュー・パーカー／渡辺政隆・今西康子訳, 草思社, 2006.
『生命とはなにか』大島泰郎・丸山工作・渡辺一雄, 岩波書店, 1994.
『The cell 細胞の分子生物学 第6版』Bruce Alberts ほか／中村桂子・松原謙一監訳, ニュートンプレス, 2017.

第11章

『人体はこうしてつくられる：ひとつの細胞から始まったわたしたち』ジェイミー・A・デイヴィス／橘明美訳, 紀伊国屋書店, 2018.
『カラー図解人体誕生：からだはこうして造られる』山科正平, 講談社, 2019.
『胎児期に刻まれた進化の痕跡』入江直樹, 慶應義塾大学出版会, 2016.
『発生』芋生紘志・山名清隆, 共立出版, 1989.
『からだの設計図：プラナリアからヒトまで』岡田節人, 岩波書店, 1994.
『図解・内臓の進化：形と機能に刻まれた激動の歴史』岩堀修明, 講談社, 2014.
『原色現代科学大事典〈第6〉人間』小川鼎三代表, 学習研究社, 1968.
『40人の神経科学者に脳のいちばん面白いところを聞いてみた』デイヴィッド・J・リンデン編著／岩坂彰訳, 河出書房新社, 2019.
『自己デザインする生命：アリ塚から脳までの進化論』J・スコット・ターナー／長野敬・赤松眞紀訳, 青土社, 2009.

第12章

『発生と進化』佐藤矩行・野地澄晴・倉谷滋・長谷部光康, 岩波書店, 2004.
『進化の謎をとく発生学：恐竜も鳥エンハンサーを使っていたか』田村宏治, 岩波書店, 2022.
『魚類発生学の基礎』大久保範聡・吉崎悟朗・越田澄人, 恒星社厚生閣, 2018.
『腸は考える』藤田恒夫, 岩波書店, 1991.
『シマウマの縞 蝶の模様：エボデボ革命が解き明かす生物デザインの起源』ショーン・B・キャロル／渡辺政隆・経塚淳子訳, 光文社, 2007.
『ダーウィンのジレンマを解く：新規性の進化発生理論』マーク・W・カーシュナー & ジョン・C・ゲルハルト／赤坂甲治監訳, 滋賀陽子訳, みすず書房, 2008.

第13章
『選択なしの進化：形態と機能をめぐる自律進化』リマ＝デ＝ファリア／池田清彦監訳，池田正子・法橋登訳，工作舎，1993.
「Weak synchronization and large-scale collective oscillation in dense bacterial suspensions」Chong Chen et al., *Nature*, Vol.542, Issue 7640, 02.09.2017.
「Early trace of life from 3.95 Ga sedimentary rocks in Labrador, Canada」Takayuki Tashiro, Tsuyoshi Komiya et al., *Nature*, Vol.549, Issue 7673, 09.28.2017.
『生命とは何だろうか』J・ド・ロネイ／菊池韶彦訳，岩波書店，1991.
『生物はなぜ誕生したのか：生命の起源と進化の最新科学』ピーター・ウォード＆ジョセフ・カーシュヴィンク／梶山あゆみ訳，河出書房新社，2016.
『生命の星・エウロパ』長沼毅，日本放送出版協会，2004.
『進化38億年の偶然と必然：生命の多様性はどのようにして生まれたか』長谷川政美，国書刊行会，2020.
「Isolation of an archaeon at the prokaryote-eukaryote interface」Hiroyuki Imachi et al., *Nature*, Vol.577, Issue 7791, 01.23.2020.
「Asgard archaea illuminate the origin of eukaryotic cellular complexity」Katarzyna Zaremba-Niedzwiedzka et al., *Nature*, Vol.541, Issue 7637, 01.11.2017.
『アメーバ図鑑』石井圭一ほか，金原出版，1999.
『分子からみた生物進化：DNAが明かす生物の歴史』宮田隆，講談社，2014.
『図説・なぜヘビには足がないか：恐竜からツチノコまで』松井孝爾，講談社，1990.
『マルハナバチの経済学』ベルンド・ハインリッチ／井上民二監訳，加藤真・市野隆雄・角谷岳彦訳，文一総合出版，1991.

第14章
「The Cambridge declaration on consciousness」Francis Click memorial conference, Cambridge, UK, 07.07.2012.
『意識の進化的起源：カンブリア爆発で心は生まれた』トッド・E・ファインバーグ＆ジョン・M・マラット／鈴木大地訳，勁草書房，2017.
『生命とは何か：複雑系生命論序説』金子邦彦，東京大学出版会，2003.
『生体電気信号とはなにか：神経とシナプスの科学』杉晴夫，講談社，2006.
『電気システムとしての人体：からだから電気がでる不思議』久保田博南，講談社，2001.

『樹木社会学』渡辺定元, 東京大学出版会, 1994.
「Collective intercellular communication through ultra-fast hydrodynamic trigger waves」Arnold J. T. M. Mathijssen et al., *Nature*, Vol.571, Issue 7766, 07.26.2019.
『意識の神秘を暴く：脳と心の生命史』トッド・E. ファインバーグ & ジョン・M. マラット／鈴木大地訳, 勁草書房, 2020.
『動物の「超」ひみつを知ろう』ジュディス・ハーブスト／山越幸江訳, 晶文社, 1994.
『神経とシナプスの科学：現代脳研究の源流』杉晴夫, 講談社, 2015.
『生命をあやつるホルモン：動物の形や行動を決める微量物質』日本比較内分泌学会, 講談社, 2003.
『ソロモンの指環：動物行動学入門 新装版』コンラート・ローレンツ／日高敏隆訳, 早川書房, 2006.
『犬はあなたをこう見ている：最新の動物行動学でわかる犬の心理』ジョン・ブラッドショー／西田美緒子訳, 河出書房新社, 2012.
『クジラの鼻から進化を覗く』岸田拓士, 慶應義塾大学出版会, 2016.
「鳥類をモデルに解き明かす言語機能の適応進化」鈴木俊貴, 2020. https://www.hakubi.kyoto-u.ac.jp/application/files/3915/9417/2765/suzukitoshitaka.pdf
『知恵の樹：生きている世界はどのようにして生まれるのか』ウンベルト・マトゥラーナ & フランシスコ・バレーラ／管啓次郎訳, 序文・浅田彰, 朝日出版社, 1987.
『オートポイエーシス：生命システムとはなにか』H・R・マトゥラーナ & F・J・ヴァレラ／河本英夫訳, 国文社, 1991.
『ワードマップ 認知科学』大島尚編, 新曜社, 1986.

おわりに

『土といのち：微量ミネラルと人間の健康』中島常允, 地湧社, 1987.
『海の微生物たち』清水潮, 大月書店, 1982.
「Commensal bacteria make GPCR ligands that mimic human signalling molecules」Louis J. Cohen et al., *Nature*, Vol.549, Issue 7670, 09.07.2017.
「Bacterial biodiversity drives the evolution of CRISPR-based phage resistance」Ellinor O. Alseth et al., *Nature*, Vol.574, Issue 7779, 10.24.2019.

参考にした図の出典

図1：『アメリカ版大学生物学の教科書第2巻 分子遺伝学』D・サダヴァほか／石

崎泰樹・丸山敬監訳・翻訳, 講談社, 2010, p.192.

図2：『生物図録：視覚でとらえるフォトサイエンス』嶋田正和ほか監修, 数研出版, 2022, p.134.

図3：『生物総合資料 4訂版』長野敬・牛木辰男監修, 実教出版, 2019, p.176.

図4：『原色現代科学大事典〈第7〉生命』吉川秀男・西沢一俊, 学習研究社, 1969, p.56.

図5：『形の生物学』本多久夫, 日本放送出版協会, 2010, p.31.

図6：『図解 発生生物学』石原勝敏, 裳華房, 1998, p.94.

図7：『カラー図解人体誕生：からだはこうして造られる』山科正平, 講談社, 2019, p.76.

著者略歴

実重重実（さねしげ・しげざね）

1956年島根県出身。元・農林水産省農村振興局長。階層生物学研究ラボ研究員。10代のとき「フジツボの研究」で科学技術庁長官賞を受賞。1979年東京大学卒業後、農林水産省に入省。微生物から植物、水生動物、哺乳類など幅広く動植物に係わった。発生生物学者・団まりな氏に師事し、階層生物学研究ラボに参加。現職は全国山村振興連盟常務理事兼事務局長。著書に『生物に世界はどう見えるか』（新曜社 2019年）、『感覚が生物を進化させた』（新曜社 2021年）、『森羅万象の旅』（地湧社 1996年）などがある。

細胞はどう身体をつくったか
発生と認識の階層進化

初版第1刷発行　2023年6月25日

著　者　実重重実
発行者　塩浦　暲
発行所　株式会社　新曜社
101-0051　東京都千代田区神田神保町3－9
電話（03）3264－4973（代）・FAX（03）3239－2958
e-mail : info@shin-yo-sha.co.jp
URL : https://www.shin-yo-sha.co.jp

組　版　Katzen House
印　刷　星野精版印刷
製　本　積信堂

ISBN978-4-7885-1817-9 C1045